Entwicklung neuer Ansätze zum nachhaltigen Planen und Bauen

Reihe herausgegeben von

Markus Koschlik, Meiningen, Deutschland

Deutschland hat sich zum Ziel gesetzt, den Gebäudebestand, der durch Herstellung und Nutzung für einen erheblichen Anteil der Treibhausgasemissionen verantwortlich ist, bis zur Mitte des 21. Jahrhunderts nahezu klimaneutral zu gestalten. Darüber hinaus erfordern der schonende Umgang mit Ressourcen, der Übergang zu einer Circular Economy sowie die konsequente Verankerung der Prinzipien Effizienz, Konsistenz und Suffizienz ein grundlegendes Umdenken beim Planen, Errichten, Nutzen und Rückbauen unserer gebauten Umwelt.

Zentrale Projektentscheidungen werden jedoch nach wie vor häufig primär auf Basis kurzfristiger ökonomischer Kennwerte, insbesondere der Herstellkosten, getroffen. Dabei zeigt sich, dass das in der Errichtung günstigste Bauwerk über den gesamten Lebenszyklus hinweg selten das wirtschaftlichste und noch seltener das nachhaltigste ist. Umso wichtiger ist es, alle Akteure des Bauwesens dafür zu sensibilisieren, Nachhaltigkeit nicht nur zu dokumentieren, sondern sie systematisch als Entscheidungsgrundlage in Planungs, Bau und Nutzungsprozessen zu verankern.

Die Buchreihe versammelt Arbeiten, die im Rahmen des dualen Studiums an der Dualen Hochschule Baden-Württemberg (DHBW) entstanden sind. Sie folgen einer fundierten wissenschaftlichen Methodik und greifen zugleich konkrete Fragestellungen aus der beruflichen Praxis auf. Durch diese enge Verzahnung entstehen belastbare und anwendungsnahe Erkenntnisse, die sowohl zur fachlichen Weiterentwicklung als auch zur Transformation des Bauwesens hin zu einer langfristig nachhaltigen Bauwirtschaft beitragen.

Herausgeber der Reihe ist Markus Koschlik, Professor für Bauingenieurwesen an der Dualen Hochschule Baden-Württemberg Mosbach. Zu seinen Lehrinhalten zählen unter anderem nachhaltiges Bauen, Projektmanagement und Baubetrieb. In Lehre, Forschung und Praxis befasst er sich mit der Entwicklung und Anwendung fundierter Methoden für Planungs, Bau und Entscheidungsprozesse unter besonderer Berücksichtigung von Nachhaltigkeitsaspekten.

Marie Höfling

Resilienz in der Baubranche

Entwicklung eines widerstandsfähigen Wohnquartiers

Springer Vieweg

Marie Höfling
Großostheim, Deutschland

ISSN 2948-1007 ISSN 2948-1015 (electronic)
Entwicklung neuer Ansätze zum nachhaltigen Planen und Bauen
ISBN 978-3-658-51580-5 ISBN 978-3-658-51581-2 (eBook)
https://doi.org/10.1007/978-3-658-51581-2

Die Deutsche Nationalbibliothek verzeichnet diese Publikation in der Deutschen Nationalbibliografie; detaillierte bibliografische Daten sind im Internet über https://portal.dnb.de abrufbar.

Planung/Lektorat: Ralf Harms
Springer Vieweg ist ein Imprint der eingetragenen Gesellschaft Springer Fachmedien Wiesbaden GmbH und ist ein Teil von Springer Nature.
Die Anschrift der Gesellschaft ist: Abraham-Lincoln-Str. 46, 65189 Wiesbaden, Germany

Wenn Sie dieses Produkt entsorgen, geben Sie das Papier bitte zum Recycling.

Hinweis zur Geschlechterneutralität

In der vorliegenden Arbeit wird aus Gründen der besseren Lesbarkeit das generische Maskulinum verwendet. Weibliche und anderweitige Geschlechteridentitäten werden dabei ausdrücklich mitgemeint, soweit es für die Aussage erforderlich ist.

Geleitwort

Die Bauwirtschaft befindet sich inmitten eines tiefgreifenden Wandels – ein Wandel, der angesichts der drängenden gesellschaftlichen Herausforderungen unumgänglich ist. Studien zeigen, dass etwa 40 % aller CO_2-Emissionen in Deutschland auf die Herstellung, Errichtung, Modernisierung und Nutzung von Wohn- und Nichtwohngebäuden entfallen. Hinzu kommt, dass die Bauwirtschaft branchenübergreifend die meisten Rohstoffe verbraucht und mit über 50 % den größten Anteil am Abfallaufkommen verursacht. Zudem führt die Erschließung neuer Siedlungs- und Verkehrsflächen täglich zu einem Flächenverbrauch von über 50 ha. Diese Zahlen verdeutlichen: Die Bauwirtschaft trägt eine besondere Verantwortung, ihre Prozesse und Produkte nachhaltig zu transformieren.

Mit der Reihe **„Entwicklung neuer Ansätze zum nachhaltigen Planen und Bauen“** soll diese notwendige Transformation unterstützt werden. Sie bietet Raum für innovative Ideen, Konzepte und Methoden, die von Studierenden der **Dualen Hochschule Baden-Württemberg (DHBW) Mosbach** entwickelt wurden. Dank des dualen Studienmodells verfügen die Autoren bereits während ihrer Studienzeit nicht nur über fundiertes theoretisches Wissen, sondern auch über mehrjährige berufliche Praxiserfahrung in Unternehmen und öffentlichen Verwaltungen. Die vorgestellten Arbeiten sind daher nicht nur theoretisch fundiert, sondern auch hoch praxisrelevant und direkt anwendbar. Ein besonderer Fokus der Reihe liegt auf nachhaltigem Planen und Bauen in all seinen Facetten. Sie betrachtet sämtliche Lebenszyklusphasen von Gebäuden – von der frühen Projektentwicklung über die Bauphase und Nutzung bis hin zum Rückbau sowie der Wiederverwendung, Verwertung oder Entsorgung von Materialien. Dabei werden immer wieder Schnittstellen zu angrenzenden Fachbereichen wie Projektmanagement, Lean Construction oder Building Information Modeling (BIM) aufgegriffen. Ziel ist es, einen fundierten und praxisorientierten Beitrag zur Gestaltung einer zukunftsfähigen Bauwirtschaft zu leisten.

Der vorliegende Band stellt die Bachelorarbeit von **Marie Höfling** vor, die sich der Frage widmet, wie klimaresiliente Strukturen systematisch in der Quartiersentwicklung verankert werden können. Im Mittelpunkt steht die Entwicklung eines prozessbasierten Modells, das die einzelnen Schritte der klimaresilienten Quartiersentwicklung entlang der

HOAI-Leistungsphasen strukturiert. Ergänzt wird dieses Modell durch eine praxisorientierte Checkliste, die Kommunen und Planungsbeteiligten eine klare und anwendungsfreundliche Orientierung bietet.

Die Arbeit überzeugt durch eine klare Zielsetzung, eine beeindruckend strukturierte Vorgehensweise und einen hohen Grad an Eigeninitiative. Das entwickelte Prozessmodell zeigt auf anschauliche Weise, wie unterschiedliche Akteure, Aufgaben und Abläufe sinnvoll verknüpft werden können, um klimaresiliente Quartiersstrukturen nachhaltig zu fördern. Besonders hervorzuheben ist die gelungene Verbindung aus fundierter Literaturarbeit, methodischer Modellbildung und einer starken Praxisorientierung, die die Anwendbarkeit der Ergebnisse deutlich unterstreicht. Die Kombination aus Prozessmodell und Checkliste schafft ein wertvolles Werkzeug, das Kommunen, Planungsbüros und Entscheidungsträgern gleichermaßen Orientierung bietet und einen realen Mehrwert für zukünftige Projekte liefert.

Insgesamt leistet diese Arbeit einen wichtigen Beitrag zur klimaresilienten Stadt- und Quartiersentwicklung und zeigt eindrucksvoll, wie wissenschaftliche Methodik und praktische Relevanz miteinander verknüpft werden können.

16.11.2025 Markus Koschlik

Vorwort

Die Auseinandersetzung mit dem Thema **Resilienz** in der **Quartiersentwicklung** ist für mich nicht nur fachlich, sondern auch persönlich von großer Bedeutung. Mein Interesse an **nachhaltigem Bauen** reicht über technologische Aspekte hinaus – ich sehe in der Anpassung an den Klimawandel und den Umgang mit seinen Folgen eine der zentralen Aufgaben unserer Generation. Während die Begrenzung weiterer Treibhausgasemissionen weiterhin notwendig bleibt, ist es ebenso entscheidend, die bestehenden und zukünftigen Auswirkungen **klimatischer Veränderungen** aktiv in die Planung und Gestaltung unserer **gebauten Umwelt** einzubeziehen. Die gebaute Infrastruktur muss in der Lage sein, auf Unsicherheiten, Störungen und Veränderungen langfristig zu reagieren, ohne dabei an Funktionalität, Sicherheit oder Lebensqualität zu verlieren.

Diese Überzeugung wird durch meine Erfahrungen bei dem dualen Praxispartner, der GWH Wohnungsgesellschaft mbH Hessen, geprägt. Dort konnte ich vielfältigen Projekten – vom Wohnungsneubau über Quartiersentwicklungen bis hin zu innerstädtischen Verdichtungen, Aufstockungen und Sanierungen – beobachten, wie sehr nachhaltiges Bauen mit einer vorausschauenden und verantwortungsvollen Planung in sämtlichen Projektphasen verbunden ist. Dabei stellt sich immer wieder die Frage: Wie können wir heute so bauen, dass diese Strukturen auch in Jahrzehnten noch unter sich verändernden klimatischen, sozialen und technischen Bedingungen funktionieren?

In diesem Kontext hat mich insbesondere die Fragestellung nach der **baulichen** und **planerischen Resilienz in Quartieren** beschäftigt. Gerade weil **Wohnungsbau** immer mit langfristigen Nutzungshorizonten verbunden ist, sehe ich die **Entwicklung resilienter Wohnquartiere** nicht als Pilotprojekt, sondern als zukünftigen Standard einer verantwortungsvollen Baupraxis.

Mein Ziel ist es, mit dieser Arbeit einen Beitrag zur fachlichen Diskussion zu leisten und zugleich einen praxisrelevanten Ansatz zu entwickeln, der sowohl in der kommunalen Planung als auch in privatwirtschaftlichen Projektentwicklungen angewendet werden kann.

15.09.2025 Marie Höfling

Interessenkonflikt Der/die Autor*in hat keine relevanten Interessenskonflikte im Zusammenhang mit dieser Publikation.

Inhaltsverzeichnis

1 Einleitung . . . 1
1.1 Veranlassung . . . 1
1.2 Zielsetzung . . . 2
1.3 Abgrenzung . . . 2
1.4 Methodisches Vorgehen und Aufbau . . . 3
Literatur . . . 4

2 Theoretische Grundlagen der Resilienz in der Baubranche . . . 5
2.1 Begriffliche Einordnung und Entwicklung des Resilienzbegriffs . . . 5
2.2 Abgrenzung und Verhältnis zur Nachhaltigkeit . . . 7
2.3 Resilienzanforderungen in der gebauten Umwelt . . . 8
2.4 Dimensionen der Resilienz in der gebauten Umwelt . . . 9
2.5 Resilienz in der Stadt- und Quartiersplanung . . . 13
Literatur . . . 15

3 Analyse des aktuellen Stands der Forschung . . . 17
3.1 Forschungsstand: Literatur zu resilienten Wohnquartieren . . . 17
3.2 Relevante Regularien und Standards . . . 19
3.3 Analyse und Bewertung realisierter resilienter Wohnquartiere . . . 23
Literatur . . . 27

4 Entwicklung eines integrativen Konzepts für ein resilientes Wohnquartier . . . 29
4.1 Rahmenbedingungen des Projekts . . . 31
4.2 Standortanalyse und Ausgangslage . . . 32
4.3 Konzeption resilienzfördernder Maßnahmen . . . 33
4.4 Einsatz technologischer Innovationen . . . 38
4.5 Sozioökonomische Faktoren der Resilienz . . . 42
4.6 Entwicklung eines Prozessmodells zur resilienten Quartiersplanung . . . 48
Literatur . . . 59

5 Bewertung der Umsetzbarkeit im konkreten Praxisprojekt . . . 61
5.1 Projektbeschreibung und Rahmenbedingungen . . . 61
5.2 Nachhaltigkeits- und Resilienzmaßnahmen im Projekt . . . 64
5.3 Chancen und Herausforderungen in der Umsetzung . . . 74
5.4 Rechtliche und politische Rahmenbedingungen . . . 75
5.5 Übertragbarkeit und Handlungsempfehlungen . . . 77
Literatur . . . 78

6 Fazit und Ausblick . . . 81
6.1 Zusammenfassung der zentralen Ergebnisse . . . 81
6.2 Reflexion der Zielsetzung . . . 82
6.3 Eingrenzung und Ausblick auf weiterführende Fragestellungen . . . 83
6.4 Forschungsperspektiven und zukünftige Entwicklungen . . . 84
Literatur . . . 85

Anhang . . . 87

Abkürzungsverzeichnis

BauGB	Baugesetzbuch
BMBF	Bundesministerium für Forschung, Technologie und Raumfahrt
BMU	Bundesministerium für Umwelt, Klimaschutz, Naturschutz und nukleare Sicherheit
B-Plan	Bebauungsplan
DAS	Deutsche Anpassungsstrategie
DGNB	Gesellschaft für Nachhaltiges Bauen
Difu	Deutsche Institut für Urbanistik
FNP	Flächennutzungsplan
GIS	Geographic Information System
HOAI	Honorarordnung für Architekten und Ingenieure
IoT	Internet of Things
KfW	Kreditanstalt für Wiederaufbau
LCA	Lebenszyklusanalyse
LPH	Leistungsphase
PMV	Predict Mean Vote
RNE	Rat für Nachhaltige Entwicklung
SDG	Sustainable Development Goal
SNAP	Systematik für Nachhaltigkeitsanforderungen in Planungswettbewerben

Abbildungsverzeichnis

Abb. 2.1 SDG 9–13 als Beitrag zur Erreichung übergeordneter Nachhaltigkeitsziele [4] 6
Abb. 2.2 Das Dimensionen-Konzept der Resilienz [2] 9
Abb. 2.3 Sturmhaken/-klammern verstärken die Dachkonstruktion [10] 11
Abb. 2.4 Relevante Rahmenbedingungen einer resilienten Stadtentwicklung [2] 14
Abb. 3.1 Bild des Projekts mit großzügigen Freiflächen, Kaltluftschneißen und einer Bahnstation [12] 24
Abb. 3.2 Rahmenplan Oberer Säuterich mit Freiraumbezügen, Wasserflächen, durchlüfteter Bebauungsstruktur und quartiersbezogenen Perspektiven [13] 26
Abb. 4.1 Einordnung möglicher Anwendungsfälle von Resilienzstrategien nach Entwicklungsebene und Maßstabsebene. (Eigene Darstellung) 30
Abb. 4.2 Entwicklung der mittleren jährlichen Häufigkeit ausgewählter klimatischer Ereignisse (Sommertage, Hitzetage, Tropennächte) in der Innenstadt Hannovers für die Zeiträume 2001–2010, 2046–2055 und 2090–2099 [1] 31
Abb. 4.3 Entwicklung der sommerlichen Wärmebelastung in der Beispielstadt Hannover für die Zeiträume 2046–2055 und 2090–2099 [1] 32
Abb. 4.4 Konzeption resilienzfördernder Maßnahmen. (Eigene Darstellung) 38
Abb. 4.5 Smart Building, IoT-basierte Systeme und nachhaltige Mobilitätskonzepte für das resiliente Quartier. (Eigene Darstellung) 42
Abb. 4.6 Baumrigole als beispielhafte Einzelmaßnahme im Quartier [23] 45
Abb. 4.7 Kosten-Vergleich der Baumrigole und Konventionellem Gießen. (Eigene Darstellung) 46
Abb. 4.8 Ablauf der Vorprüfung und Bewertung nach Systematik für Nachhaltigkeitsanforderungen in Planungswettbewerben [14] 51
Abb. 4.9 Prozessmodell der LPH 0–9. (Eigene Darstellung) 58

Abb. 5.1 Masterplan – Nördlicher Teil des Kronsberg Süd mit den Baufeldern A1.1 bis A11 [3] . . . 62
Abb. 5.2 Stadtbahnhaltestelle direkt am Quartier (Eigene Aufnahme) . . . 62
Abb. 5.3 Innenhof des fertiggestellten Baufeld A1.2. (Eigene Aufnahme) . . . 64
Abb. 5.4 Übergang der Klinkerfassade zur Putzfassade (Eigene Aufnahme) . . . 65
Abb. 5.5 Mulden-Rigolensysteme als Teil des Straßen- und Freiraummilieus im gesamten Quartier [3] . . . 66
Abb. 5.6 Ausschnitt der Freiraumstruktur und Stadtteilpark mit Spiel- und Aufenthaltsflächen in Kronsberg Süd [3] . . . 67
Abb. 5.7 Beispielhafte Darstellung eines Wohnhofes mit Privatgärten, Retentionsflächen und Spiel- und Aneignungsflächen [3] . . . 69
Abb. 5.8 Ausschnitt des Plakats zur Bürgerbeteiligung Stadtteilpark Kronsberg-Süd Hannover [7] . . . 76
Abb. A1 Vergleich der thermischen Belastung im Stadtraum – konventioneller Zustand versus klimaangepasste Planung (Brasseur, G., Jacob, D., Schuck-Zöller, S., Klimawandel in Deutschland, Entwicklung, Folgen, Risiken und Perspektiven, Springer Spektrum, Berlin und Heidelberg, 2017.) . . . 87
Abb. A2 DGNB GmbH, Kriterienkatalog Quartiere, 2020 . . . 88
Abb. A3 DGNB GmbH, Kriterienkatalog Quartiere, 2020 . . . 89
Abb. A4 Übersichtsplan des Quartier Herzkamp, Hannover (Kanning, H., et al., Das KlimaWohL-Prinzip. Praxisleitfaden. sustainify Tools und Texte, 1, Hannover, 2020.) . . . 90

Einleitung 1

1.1 Veranlassung

„Die Zukunftsfähigkeit unserer Städte hängt wesentlich von ihrer vorausschauenden Anpassung an den Klimawandel ab." – Rainer Bomba, Staatssekretär im Bundesministerium für Verkehr, Bau und Stadtentwicklung, 2010 [1].

Die Auswirkungen des Klimawandels auf die gebaute Umwelt sind in den vergangenen Jahren zunehmend sichtbar und spürbar geworden. Extreme Wetterereignisse wie Hitzewellen, Starkregen, Stürme und Dürren treten nicht nur häufiger auf, sondern erreichen auch eine neue Intensität, die bestehende städtische Infrastrukturen und Gebäudetypologien an ihre funktionalen und strukturellen Grenzen bringen. Die steigenden Temperaturen führen zu mehr Hitzewellen, insbesondere in ohnehin warmen Regionen, mit schwerwiegenden gesundheitlichen Folgen für vulnerable Bevölkerungsgruppen. Gleichzeitig verändern sich globale Niederschlagsmuster – manche Regionen leiden unter Überflutungen, andere unter Dürre. Extremereignisse wie Starkregen oder Stürme verursachen zunehmend Zerstörungen an Siedlungen, Infrastruktur und Landwirtschaft. Allein im Jahr 2023 beliefen sich die Schäden an Eigentum und Infrastruktur weltweit auf 129,4 Milliarden Dollar. Die wirtschaftlichen Verluste werden mittelfristig höher ausfallen als präventive Investitionen [2].

Die urbanen Systeme in Deutschland – insbesondere in hochverdichteten Ballungsräumen – stehen infolgedessen vor der Herausforderung, sich langfristig gegen unvorhersehbare Belastungsfaktoren – darunter Extremwetterereignisse wie Starkregen, Hitzewellen oder Stürme, aber auch wirtschaftliche Krisen oder gesellschaftliche Umbrüche – zu wappnen [3]. Vor diesem Hintergrund rückt das Konzept der Resilienz als Fähigkeit zur Krisenbewältigung, Anpassung und Erneuerung zunehmend in den Mittelpunkt stadtplanerischer und architektonischer Debatten [4].

M. Höfling, *Resilienz in der Baubranche*, Entwicklung neuer Ansätze zum nachhaltigen Planen und Bauen, https://doi.org/10.1007/978-3-658-51581-2_1

Die Dringlichkeit, Wohnquartiere widerstandsfähiger zu gestalten, ergibt sich nicht allein aus ökologischen, sondern auch aus sozialen und ökonomischen Gründen. Im Zuge der Energiewende, des demografischen Wandels und zunehmender Urbanisierung wird von der Stadtplanung und Quartiersentwicklung erwartet, integrative Lösungen zu entwickeln, die den vielfältigen Anforderungen der Gegenwart und Zukunft gerecht werden. Dabei zeigt sich, dass klassische Nachhaltigkeitsansätze häufig nicht ausreichend sind, um mit der wachsenden Komplexität urbaner Herausforderungen Schritt zu halten. Statt starrer Zielvorstellungen bedarf es dynamischer, adaptiver Systeme, die auf Veränderungen reagieren und dennoch ihre grundlegenden Funktionen aufrechterhalten können [5]. Gerade in der Entwicklung von Wohnquartieren ist es daher entscheidend, resiliente Strukturen zu schaffen, die langfristig nutzbar, wandelbar und robust gegenüber externen Belastungen sind.

1.2 Zielsetzung

Die vorliegende Bachelorarbeit verfolgt das Ziel, ein prozessbasiertes und integratives Konzept für ein resilient gestaltetes Wohnquartier zu entwickeln, das ökologischen, technischen und sozialen Anforderungen gerecht wird. Das zentrale Ergebnis soll ein schematisches Prozessmodell sein, welches entlang der HOAI-Leistungsphasen aufzeigt, wie Resilienz systematisch in den Quartiersentwicklungsprozess integriert werden kann. Dieses Modell wird durch einen Kriterienkatalog mit beispielhaften Maßnahmen ergänzt, sodass sowohl bauliche als auch prozessuale Aspekte praxisnah abgebildet werden. Damit entsteht ein übertragbares Handlungskonzept, das Planern, Kommunen und Wohnungsunternehmen als Orientierung für die Entwicklung klimaresilienter Quartiere dienen kann.

Ein zusätzlicher Praxisbezug ergibt sich durch Erfahrungen des dualen Praxispartners GWH Wohnungsgesellschaft mbH Hessen, bei dem Klimaanpassung in der Projektentwicklung zunehmend an Bedeutung gewinnt. Im Rahmen aktueller Projektentwicklungen zeigt sich, wie den klimatischen Anforderungen aktiv und lösungsorientiert begegnet werden kann. Ziel dieser Arbeit ist es, aufbauend auf diesen Herausforderungen ein übertragbares Konzept für klimaresiliente Quartiersentwicklung zu erarbeiten. Der entwickelte Kriterienkatalog wird darüber hinaus an einem realisierten Praxisprojekt verifiziert, sodass die theoretischen Ansätze mit konkreten Erfahrungen aus der Umsetzung bestätigt werden können.

1.3 Abgrenzung

Diese Arbeit konzentriert sich auf den Wohnungsneubau im quartiersbezogenen Kontext. Bestandsquartiere sowie Sanierungs- und Nachrüstmaßnahmen im Gebäudebestand werden bewusst ausgeklammert, ebenso wie die bautechnische Detailplanung. Ziel der Arbeit ist keine baureife Ausführung, sondern ein übertragbares konzeptionelles Modell zur

Integration der Resilienz in den kommunalen Entwicklungsprozess. Die Betrachtung erfolgt ausschließlich auf Quartiersebene, nicht auf Einzelgebäude- oder Stadtteilsystematik. Zudem beschränkt sich die Arbeit auf den rechtlichen und planerischen Kontext in Deutschland.

Der Fokus liegt auf präventiven Maßnahmen im Rahmen der Projektentwicklung, Planung und baulichen Umsetzung. Auch kurative Maßnahmen, die erst nach Eintritt eines Schadens greifen – etwa Reparatur oder Notfallmanagement – bleiben innerhalb dieser wissenschaftlichen Arbeit unberücksichtigt [2].

Auch die ökonomische Dimension wurde im Rahmen dieser Arbeit bewusst nicht vertieft untersucht. Fragen der Finanzierbarkeit mittels Investoren, die Betrachtung in einer umfassenden Lebenszyklusanalyse oder der Vergleich von Mehrkosten in Planung und Bauausführung mit möglichen langfristigen Einsparungen durch vermiedene Schäden stellen eigenständige Forschungsfelder dar.

1.4 Methodisches Vorgehen und Aufbau

Zur Erarbeitung eines integrativen Konzepts für ein resilient gestaltetes Wohnquartier wird ein mehrstufiges methodisches Vorgehen gewählt, das sowohl theoretisch-analytische als auch anwendungsorientierte Elemente miteinander verbindet. Die Herangehensweise folgt einem deduktiven Forschungsansatz: Ausgehend von theoretischen Grundlagen und konzeptionellen Modellen werden praxisrelevante Maßnahmen und Prozesse abgeleitet, die in der konkreten Quartiersentwicklung Anwendung finden können. Ziel ist es, einen übertragbaren Planungsansatz zu formulieren, der auf unterschiedlichen Maßstabsebenen – von der konzeptionellen Projektentwicklung bis zur technischen Ausgestaltung anschlussfähig ist.

Die zentrale Grundlage der Analyse bildet eine umfassende systematische Literaturauswertung. Für die Aufarbeitung der theoretischen Grundlagen (Kap. 2) wird überwiegend auf anerkannte Fachliteratur sowie einschlägige Publikationen zurückgegriffen, die grundlegende Definitionen, Begriffe und konzeptionelle Modelle bereitstellen. Neben der begrifflichen Herleitung und Abgrenzung zu verwandten Konzepten – insbesondere zur Nachhaltigkeit – erfolgt eine strukturierte Darstellung der relevanten Resilienzdimensionen im Kontext der gebauten Umwelt. Diese konzeptionelle Rahmung dient als Ausgangspunkt für die weitere Untersuchung.

Darauf aufbauend erfolgt in Kapitel drei die Auswertung des aktuellen Forschungsstands anhand wissenschaftlicher Primärliteratur, etwa Dissertationen, Forschungsberichte und einschlägige Fachaufsätze zur resilienten Quartiersentwicklung. Dabei werden wissenschaftliche Studien, gesetzliche Rahmenbedingungen, planerische Richtlinien und beispielhafte Fallstudien verglichen. Ziel ist es, bereits bestehende Ansätze auf ihre Übertragbarkeit hin zu bewerten und daraus Anforderungen an ein praxistaugliches Konzept abzuleiten. Die Bewertung realisierter Projekte erfolgt auf Basis öffentlich zugänglicher Berichte und wissenschaftlichen Auswertungen.

Kapitel vier bildet den Kern der Arbeit und widmet sich der Entwicklung eines integrativen Konzepts für ein resilient gestaltetes Wohnquartier. Neben den städtebaulichen, architektonischen und technischen Maßnahmen werden dabei auch infrastrukturelle, ökologische und soziale Aspekte berücksichtigt. Ergänzend wird ein prozessorientiertes Modell entworfen, das die systematische Integration resilienzrelevanter Aspekte entlang der HOAI-Leistungsphasen beschreibt. Die beteiligten Akteure und deren Rollen im Planungsverlauf werden ebenso aufgezeigt wie zentrale Entscheidungspunkte zur Sicherung der Resilienzqualität.

Im anschließenden Kapitel fünf wird die theoretisch-konzeptionelle Entwicklung durch eine Praxisanalyse ergänzt. Anhand eines konkreten Projekts aus dem Umfeld des dualen Studienpartners werden die technischen und sozialen Rahmenbedingungen für die Umsetzung resilienter Quartiere untersucht. Ziel ist es, die Realisierbarkeit und Skalierbarkeit des erarbeiteten Konzepts kritisch zu hinterfragen und Handlungsempfehlungen für die weitere Anwendung abzuleiten.

Kapitel sechs schließt die Arbeit mit einem zusammenfassenden Fazit sowie einem Ausblick auf weiterführende Forschungs- und Praxisfragen. Dabei wird auch reflektiert welche Aspekte im Rahmen dieser Arbeit bewusst ausgeklammert wurden und wo sich neue Erkenntnispotenziale für künftige Arbeiten ergeben.

Literatur

1. Landeshauptstadt Hannover, Wirtschafts- und Umweltdezernat, Fachbereich Umweltschutz und Stadtgrün, Bereich Umweltschutz: Leben mit dem Klimawandel, Hannover passt sich an, Anpassungsstrategien und Maßnahmenprogramm 2012–2016, Schriftenreihe kommunaler Umweltschutz – Heft 53, 2. Geänderte Auflage, 2017.
2. Oebbecke, T.: Nachhaltigkeit in Architektur und Städtebau, Klimafreundliche und resiliente Transformation unserer gebauten Umwelt im Lebenszyklus, Springer Vieweg, Wiesbaden, 2025.
3. Bundesinstitut für Bau-, Stadt und Raumforschung (BBSR): Stresstest Stadt – wie resilient sind unsere Städte? Unsicherheiten der Stadtentwicklung identifizieren, analysieren und bewerten, Bonn, 2018.
4. Schulwitz, M.: Vulnerabilitäts- und Resilienzprofile städtischer Systeme, Dissertation, Städtebau-Institut der Universität Stuttgart, 2020.
5. Bauer, W, Riedel, O., Braun, S.: #elasticity – Experimentelle Innenstädte und öffentliche Räume der Zukunft, Empirische Szenariostudie der Innovationspartnerschaft Innenstadt 2030+ | Future Public Space, Fraunhofer-Institut für Arbeitswirtschaft und Organisation IAO, 2021.

Theoretische Grundlagen der Resilienz in der Baubranche

2

2.1 Begriffliche Einordnung und Entwicklung des Resilienzbegriffs

Der Begriff Resilienz leitet sich vom lateinischen *„resilire“* ab, was so viel wie *„zurückspringen“* oder *„abprallen“* bedeutet, und verweist auf die Fähigkeit eines Systems, äußere Störungen aufzunehmen, ohne dabei dauerhaft beschädigt zu werden. In der internationalen Fachliteratur wird Resilienz häufig im Sinne von *„preparedness“* oder *„readiness“* verstanden, womit die Bereitschaft gemeint ist, auf potenzielle Krisen und Katastrophen angemessen reagieren zu können [1].

Der Begriff Resilienz hat in den letzten Jahren erheblich an Bedeutung gewonnen – insbesondere in der Stadtplanung, Architektur und Umweltpolitik. Ursprünglich stammt er aus den Natur- und Materialwissenschaften und bezeichnet dort die Fähigkeit eines Systems, Störungen zu absorbieren, ohne seine Grundstruktur zu verlieren [1].

In den 1970er-Jahren fand der Begriff Resilienz erstmals Eingang in die Umweltforschung, um die Anpassungsfähigkeit von Ökosystemen an externe Störungen zu beschreiben [2]. Später wurde der Begriff in den Sozial- und Stadtwissenschaften weiterentwickelt und bezeichnet seither nicht nur die Rückkehr in den Ursprungszustand (*„Bounce back“*), sondern auch die aktive Weiterentwicklung (*„Bounce forward“*) eines Systems. Die Weiterentwicklung zum Konzept der sozio-ökologischen Resilienz verdeutlicht die enge Verknüpfung von natürlichen, technischen und gesellschaftlichen Systemen. Resilienz umfasst damit nicht nur die bauliche Robustheit, sondern auch soziale Anpassungsfähigkeit – etwa durch Lernprozesse, kooperative Planungsansätze und partizipative Steuerung [2].

Auch im Rahmen der globalen Nachhaltigkeitsbestrebungen rückte Resilienz in den Fokus. Mit der Agenda 2030 und den damit verabschiedeten 17 Sustainable Development Goals [SDGs] wurde 2015 eine globale Zielarchitektur geschaffen, die Resilienz als Querschnittsaspekt für eine nachhaltige Entwicklung verankert [3].

M. Höfling, *Resilienz in der Baubranche*, Entwicklung neuer Ansätze zum nachhaltigen Planen und Bauen, https://doi.org/10.1007/978-3-658-51581-2_2

Abb. 2.1 SDG 9–13 als Beitrag zur Erreichung übergeordneter Nachhaltigkeitsziele [4]

Besonders SDG 11 („*Nachhaltige Städte und Gemeinden*") (Abb. 2.1), das explizit auf die Resilienz und Nachhaltigkeit von Städten und Siedlungen abzielt, unterstreicht die zentrale Rolle urbaner Räume, die zugleich widerstandsfähig und zukunftssicher gestaltet werden müssen [3]. Damit bilden die SDGs einen normativen Rahmen, der für die Quartiersentwicklung dieser Arbeit von zentraler Relevanz ist.

Auch auf nationaler Ebene wurde der Nachhaltigkeitsdiskurs in Deutschland frühzeitig aufgegriffen – etwa durch die Enquete Kommission „*Schutz des Menschen und Umwelt*" in den 1990er-Jahren und die Gründung des Rates für Nachhaltige Entwicklung [RNE] im Jahr 2001. Diese Institutionen unterstützen die Entwicklung einer nationalen Nachhaltigkeitsstrategie und förderten den Dialog zwischen politischen, wirtschaftlichen und zivilgesellschaftlichen Akteuren. Auch wenn diese Initiativen weniger auf bauliche als auf politische Steuerung zielten, tragen sie zur langfristigen Einbettung von Resilienz in übergeordnete Entwicklungsstrategien bei [3].

Insgesamt lässt sich feststellen, dass sich der Resilienzbegriff von einer rein physikalischen Beschreibung zu einem vielschichtigen, interdisziplinären Steuerungskonzept weiterentwickelt hat, das die strukturelle, soziale und institutionelle Anpassungsfähigkeit komplexer Systeme adressiert. Damit wird Resilienz zu einem zentralen Analyse- und Gestaltungsrahmen für nachhaltige und krisenfeste Stadt- und Quartiersentwicklungen – insbesondere unter den bedingungen des Klimawandels, sozioökonomischer Ungleichheit und zunehmender infrastruktureller Anforderung. In der Stadt- und Quartiersentwicklung bezeichnet sie die Fähigkeit, trotz wachsender klimatischer, sozialer und wirtschaftlicher Belastungen Grundfunktionen aufrechtzuerhalten, sich flexibel anzupassen und langfristig weiterzuentwickeln. Dabei spielen sowohl „*harte*" Faktoren (bauliche und technische Strukturen) als auch „*weiche*" Faktoren (soziale Netzwerke, Steuerungsprozesse) eine Rolle [2].

Laut der Deutschen Gesellschaft für Nachhaltiges Bauen [DGNB] versteht man unter Resilienz „*die Widerstandsfähigkeit von Systemen gegenüber Störungen. Resiliente Systeme bleiben in Krisen grundsätzlich funktionsfähig*" und zeichnen sich durch „*Flexibilität oder Redundanz ihrer Systeme*" [5] aus, wodurch sie eine langfristige Besiedelung sichern können. Zudem wird zwischen Anpassungsfähigkeit und Entwicklungsfähigkeit unterschieden – also zwischen kurzfristiger Reaktionsfähigkeit und langfristiger struktureller Weiterentwicklung [5].

„Als Querschnittsthema mit Schnittstellen zu einer Vielzahl von Kriterien (Gebäudehülle, Aufenthaltsqualität, Anpassungsfähigkeit, Qualitätskontrolle, Gebäudetechnik u. v. m.) findet das Thema Klimaresilienz“ in der Version „Kriterienkatalog Gebäude Neubau“ der DGNB 2023 erstmalig Eingang als selbstständiges Kriterium [4].

Urbane Resilienz zielt nicht allein auf die Rückkehr zum *„Status quo“* [6], sondern die aktive Gestaltung robuster, lernfähiger und vernetzter Stadtstrukturen. Ziel ist ein System, das unter unsicheren Bedingungen langfristig stabil bleibt und zugleich den Weg in Richtung Nachhaltigkeit wahrt. [2, 6]

Für die Zwecke dieser Bachelorarbeit wird die Resilienz in Wohnquartieren wie folgt definiert:

> Resilienz beschreibt die Fähigkeit eines Wohnquartiers, unter klimatischen, technischen, ökologischen und sozialen Belastungen dauerhaft funktionsfähig zu bleiben, sich aktiv an veränderte Rahmenbedingungen anzupassen und dabei die Lebensqualität der Bewohner langfristig zu sichern.

Diese Definition vereint sowohl strukturelle Robustheit – etwa durch bauliche, technische und infrastrukturelle Vorkehrungen – als auch soziale und institutionelle Anpassungsprozesse, wie kooperatives Planungshandeln, partizipative Entscheidungsstrukturen sowie adaptive Planungs- und Beteiligungsstrukturen zu einem integrativen Verständnis von resilienten Wohnquartieren. Dabei wird der allgemeine Resilienzbegriff auf den Maßstab der Quartiersentwicklung heruntergebrochen und praxisorientiert anwendbar gemacht. Die Definition bildet die konzeptionelle Grundlage für die spätere Entwicklung eines Prozessmodells (Kap. 4). Resilienz kann dabei als Meta-Konzept verstanden werden, das über verwandte Ansätze wie Klimaanpassung oder Vulnerabilität hinausgeht und sektorale Strategien integrativ miteinander verknüpft [2]. Gerade aufgrund dieser Breite ist eine Abgrenzung zur Nachhaltigkeit erforderlich.

2.2 Abgrenzung und Verhältnis zur Nachhaltigkeit

Während Resilienz und Nachhaltigkeit in der planerischen und politischen Praxis häufig gemeinsam verwendet werden, unterscheiden sie sich in ihren konzeptionellen Grundlagen.

Der Begriff Nachhaltigkeit entstammt ursprünglich der Forstwirtschaft des 17. Jahrhunderts und gilt heute als Leitbild für die gerechte Nutzung ökologischer, ökonomischer und sozialer Ressourcen [7]. Nachhaltigkeit ist damit ein normatives Konzept: Sie beschreibt den wünschenswerten Idealzustand, der langfristig angestrebt wird [2]. Resilienz hingegen stellt ein funktionales Konzept dar. Im Zentrum steht nicht ein anzustrebender Idealzustand, sondern die Fähigkeit von Systemen, flexibel auf Veränderungen (Schocks, Störungen oder Unsicherheiten) zu reagieren und dabei funktionsfähig zu bleiben [2].

Auch im planerischen Verständnis gibt es Unterschiede: Nachhaltigkeit folgt meist einem linearen, steuerbaren Zielsystem, während Resilienz anerkennt, dass Entwicklungen unsicher und nicht vollständig planbar sind. Städte und Quartiere benötigen daher adaptive, lernfähige Strukturen, die sich auch unter unsicheren Bedingungen ganzheitlich bewähren können [2].

2.3 Resilienzanforderungen in der gebauten Umwelt

Die gebaute Umwelt umfasst sämtliche vom Menschen geschaffene physische Strukturen –Gebäude, Infrastrukturen und öffentliche Räume. Sie prägt nicht nur das Erscheinungsbild von Städten, sondern beeinflusst auch maßgeblich deren Reaktionsfähigkeit gegenüber externen Belastungen. Resilienz in diesem Kontext bedeutet daher nicht nur bauliche Robustheit, sondern auch Anpassungsfähigkeit und Erneuerung im Sinne eines lernfähigen, wandelbaren Systems [7].

Das Stadtklima unterscheidet sich deutlich von unbebauten Landschaften. Faktoren wie Versiegelung, Vegetationsanteil, Bauweise und Materialwahl führen zu Wärmeinseln, geringerer Luftzirkulation und erhöhter thermischer Belastung – insbesondere bei Hochdrucklagen [8]. Diese klimatischen Charakteristika haben wesentlichen Einfluss auf die Anforderungen an Resilienzstrategien urbaner Quartiere, da städtische Wärmeinseln die Verwundbarkeit gegenüber Hitzewellen erhöhen und zusätzliche Belastungen für Bevölkerung und Umwelt verursachen [8]. Die Modellierungen (Anhang 1) zeigen exemplarisch die Wirkung klimaangepasster Strukturen auf die thermische Belastung im Stadtraum. Maßnahmen wie Frischluftschneisen, Entsiegelung und Begrünung können die Belastung deutlich reduzieren [9].

Darüber hinaus stehen Gebäude und Infrastrukturen zunehmend multiplen klimatischen Belastungsfaktoren gegenüber: Starkregen, Stürme, Hagel oder Hitze wirken gleichzeitig auf Dächer, Fassaden, Fundamente und technische Systeme. Besonders gefährdet sind dabei dichte, hochversiegelte Innenstadtlagen sowie topografisch ungünstige Standorte (Tallagen, Gebiete mit fehlender Luftdurchströmung, Überflutungsgefährdete Flusslagen) [10]. Diese multifaktorielle Gefährdungslage stellt erhöhte Anforderungen an Konstruktion, Materialwahl und Planung.

Zur Erhöhung der Widerstandsfähigkeit werden verschiedene bauliche Ansätze diskutiert:

- Verwendung robuster, korrosionsbeständiger Materialien (z. B. Edelstahl, verzinkter Stahl),
- Aerodynamische Bauformen zur Reduktion von Windangriffsflächen,
- Adaptive Dach- und Fassadenlösungen,
- Verstärkte Tragstrukturen mit Quer- und Diagonalversteifungen,
- Intelligentes Regenwassermanagement,
- Integration flexibler, schwingungsresistenter Verbindungselemente.
  (für die gesamte Auflistung: [7])

Diese Maßnahmen verfolgen das Ziel, Schäden nicht nur punktuell zu verhindern, sondern die langfristige Funktionalität und Sicherheit urbaner Strukturen sicherzustellen. Eine resiliente Bauweise bedeutet daher, einzelne Belastungen im Zusammenspiel zu betrachten und damit robuste, aber zugleich flexible Lösungen zu entwickeln.

Für die Quartiersentwicklung, die im Zentrum dieser Arbeit steht, ist entscheidend, dass diese Anforderungen nicht isoliert auf Einzelgebäude angewandt werden. Erst durch die Übertragung auf Quartiersebene – etwa durch systematische Entsiegelung, vernetzte Grün- und Wasserflächen oder redundante Infrastrukturen – entsteht ein robustes Gesamtsystem, das Bewohner schützt und langfristig anpassungsfähig bleibt.

2.4 Dimensionen der Resilienz in der gebauten Umwelt

Städte sind komplexe Mensch-Umwelt-Systeme, deren Funktionsfähigkeit zunehmend durch externe Störungen wie Klimawandel, Ressourcenverknappung oder soziale Disparitäten herausgefordert wird. In diesem Kontext ist Resilienz als systematische Eigenschaft zu verstehen, die sowohl reaktive als auch proaktive Anpassungsmechanismen umfasst [2].

Zur strukturierenden Analyse urbaner Resilienz wird ein Dimensionen-Modell herangezogen, das zwischen harter (physisch-technisch) und weicher Resilienz (institutionell-sozial) unterscheidet. Diese Dimensionen wirken auf unterschiedlichen Ebenen und sind zugleich eng miteinander vernetzt [2].

Abb. 2.2 gibt einen Überblick über dieses Modell:

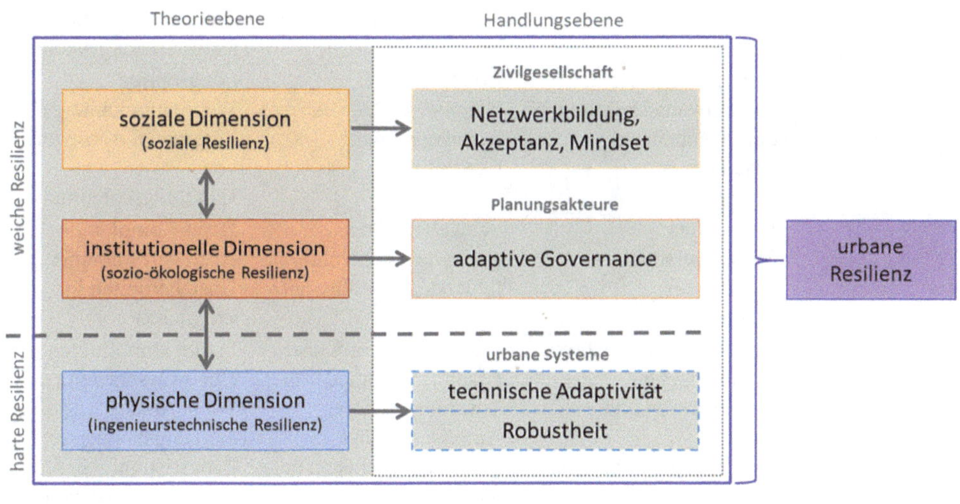

Abb. 2.2 Das Dimensionen-Konzept der Resilienz [2]

Die Abbildung verdeutlicht das Zusammenspiel physischer, institutioneller und sozialer Dimensionen der Resilienz auf Theorie- und Handlungsebene, was gemeinsam zu einer urbanen Resilienz führt [2].

Zur theoretischen Fundierung der folgenden Betrachtung lohnt sich ein Blick auf die drei zentralen Definitionsstränge der Resilienz. Je nach disziplinärem Ursprung werden unterschiedliche Schwerpunkte gesetzt – von Stabilität und Rückkehrfähigkeit bis zu Lernfähigkeit und Transformation [2]. Tab. 2.1 vergleicht diese drei Typen in ihren Grundannahmen:

Tab. 2.1 Zentrale Eigenschaften der drei Resilienzdefinitionsstränge (In Anlehnung an [2], eigene Darstellung)

Kategorie	Ingenieurtechnische Resilienz	Ökologische Resilienz	Sozio-ökologische Resilienz
Leitsatz	*bounce back* – Rückkehr in den ursprünglichen Zustand	*bounce forth* – Anpassung an veränderte Bedingungen	*bounce forward* – Weiterentwicklung über den ursprünglichen Zustand hinaus
Ursprung	Werkstofftechnik	Ökosystemforschung	Sozio-ökologische Forschung
Schlüsselbegriffe	*„Robustheit, Stabilität, Rückkehrge schwindigkeit"*	*„Zusammenspiel von Robustheit und Anpassung, Schwellenwerte"*	*„Adaptivität, Lernfähigkeit, Transformativität, Vernetzung"*
Bezug zu Gleichgewicht	Ein stabiler Zielzustand als Referenz	*„Mehrere mögliche Gleichgewichtszustände"*	Fortlaufende Entwicklung ohne festes Gleichgewicht
Hauptzielsetzung	Minimierung der Ausfallwahrscheinlichkeit durch technische Maßnahmen	Erhalt eines Gleichgewichts aus Robustheit und Flexibilität	Langfristige Weiterentwicklung des Systems und Nutzung von Handlungsspielräumen
Problematik	Begrenztes Systemverständnis, Gefahr von Pfadabhängigkeit	Schwellenwerte erscheinen kontrollierbar, fehlende Lernfähigkeit	Hohe Komplexität erschwert Planung, Unsicherheiten in Prognosen
Beispiel	Brückeninstandsetzung nach Erdbeben, Triebwerkreparatur nach Ausfall, Wiederherstellung eines Stromnetzes auf denselben Betriebszustand	Waldregeneration nach Brand (mit veränderter Zusammensetzung), Anpassung eines Flussökosystems an neue Abflussdynamik	Städte kombinieren Hochwasserschutz und Wohn- und Nutzungskonzepte, Langfristige Transformation von Verkehr und Energie

Die Tabelle vergleicht ingenieurtechnische, ökologische und sozio-ökologische Resilienz anhand zentraler Merkmale wie Ursprung, Zielsetzung, Gleichgewichtsvorstellung und Problematik. Die folgenden Abschnitte erläutern, wie sich diese drei Resilienzdimensionen konkret auf die gebaute Umwelt übertragen lassen [2].

Physische und Technische Resilienz Der gebaute Raum ist zunehmend klimatischen Extremwetterereignissen wie Hitze, Starkregen, Sturm, Hagel oder Hochwasser ausgesetzt. Diese Belastungen führen zu Schäden an Gebäuden und Infrastrukturen und gefährden essenzielle Grundfunktionen. Die physische und technische Resilienz zielt daher darauf ab, die Funktionsfähigkeit von Bauwerken und Versorgungssystemen auch unter Störungen sicherzustellen. [2, 7]

Die physische Dimension umfasst bauliche und infrastrukturelle Elemente wie Gebäude, Straßen und technische Systeme. Entscheidend sind Konstruktion und Materialwahl, die Robustheit und Widerstandsfähigkeit gewährleisten. Technische Resilienz ergänzt diesen Aspekt um die Funktions- und Anpassungsfähigkeit, etwa durch Redundanz oder automatisierte Steuerung. Da beide Bereiche in der Praxis untrennbar miteinander verwoben sind, werden sie hier gemeinsam behandelt [2].

Typische Herausforderungen ergeben sich durch abgedeckte Dächer nach Stürmen, Stromausfälle bei Überlastung von Netzen oder Hitzeschäden an Oberflächen und thermische Belastungen im Inneren von Gebäuden. Um diesen Risiken zu begegnen, sind baulich-technische Vorkehrungen erforderlich.

Dazu zählen unter anderem folgende wichtige Merkmale:

- Robustheit: tragfähige Konstruktionen, stoßfeste Fassaden und verstärkte Dächer (Abb. 2.3), tief gegründete Fundamente [2, 10]
- Technische Adaptivität: smarte Energie- und Regenwassersysteme und automatische Hochwasserschutzbarrieren [2]

Abb. 2.3 Sturmhaken/-klammern verstärken die Dachkonstruktion [10]

- Redundanz: alternative Versorgungswege, unabhängige Teilnetze und Pufferzonen [5]
- Modularität: Schadensbegrenzung durch dezentrale Strukturen wie autarke Gebäudestrukturen und flexible Versorgungsnetze [5]

Damit bilden physische und technische Resilienz das Rückgrat städtischer Systeme und sind für die Quartiersplanung unverzichtbar. Nur wenn Gebäude und Infrastrukturen robust und adaptiv gestaltet sind, können auch soziale und ökologische Resilienzdimensionen wirksam werden.

Ökologische Resilienz Versiegelung, Flächenverbrauch und ökologische Fragmentierung führen in Städten zu Mikroklimabelastung, Überflutungsrisiken und einem Verlust an Biodiversität. Dadurch wird die natürliche Selbstregulation städtischer Ökosysteme eingeschränkt. [5, 7] Ökologische Resilienz stärkt dagegen die Pufferfunktionen der Stadt – Kühlung, Wasseraufnahme, Luftreinigung und Artenvielfalt – und trägt so unmittelbar zu einer Steigerung der Lebensqualität bei. [2, 5]

Typische Probleme sind überhitzte Straßenräume während Hitzewellen, Oberflächenabfluss bei Starkregen oder der Rückgang von Artenvielfalt. Um dem entgegenzuwirken, bieten sich folgende Maßnahmen an:

- Stadtgrün durch Bäume, Parkanlagen oder Dach- und Fassadenbegrünung [5]
- Ausbau der blauen Infrastruktur durch offene Wasserläufe, Retentionsflächen oder Versickerungsgräben [11]
- Förderung der Biodiversität durch naturnahe Freiräume, Blühstreifen oder Habitatvernetzung [2, 5]
- Flächenentsiegelung und Umsetzung des Schwammstadtprinzips [11]

Für die Quartiersplanung bedeutet dies, ökologische Resilienz als integralen Bestandteil zu begreifen: Erst durch vernetzte Grün- und Wasserstrukturen kann ein Quartier klimatische Belastungen abfedern und gleichzeitig gesunde, lebenswerte Räume für seine Bewohner schaffen.

Soziale Resilienz Soziale Ungleichheit, mangelnde Beteiligung und fehlende lokale Netzwerke führen dazu, dass städtische Gesellschaften in Krisen oft überfordert sind oder Anpassungsmaßnahmen nicht mittragen. Besonders vulnerable Gruppen wie ältere Menschen, Kinder oder sozioökonomisch benachteiligte Haushalte sind hiervon besonders betroffen. [2, 7] Soziale Resilienz stärkt daher die kollektive Anpassungs- und Handlungsfähigkeit und sichert Akzeptanz, Beteiligung und Wissen. Diese Punkte sind zentrale Voraussetzungen, um technische und ökologische Maßnahmen wirksam umsetzen zu können [2].

Defizite zeigen sich etwa in fehlender Nachbarschaftshilfe, geringer Akzeptanz klimagerechter Umgestaltungen oder fehlende Informationen für bestimmte Bevölkerungsgruppen. Um dem entgegenzuwirken, braucht es:

- Wissensvermittlung und Kommunikation durch Bildungsangebote und Klimawerkstätten [2, 8]
- gezielte Unterstützung vulnerabler Gruppen durch barrierefreie Anpassungen und soziale Angebote [2, 10]
- Förderung partizipativer Verfahren wie die Mitgestaltung bei Planungsvorhaben oder Stadtteilforen [6, 8]

Für die Quartiersentwicklung bedeutet dies, dass soziale Resilienz nicht als Ergänzung, sondern als tragende Säule verstanden werden muss. Nur wenn Akzeptanz, Teilhabe und lokale Netzwerke gestärkt sind, können ökologische und technische Maßnahmen langfristig erfolgreich umgesetzt werden.

2.5 Resilienz in der Stadt- und Quartiersplanung

Die Herausforderungen des Klimawandels, der Ressourcenverknappung und der sozialen Ungleichheit erfordern ein neues planerisches Verständnis von Stadt- und Quartiersplanung. Resilienz gewinnt in diesem Kontext zunehmend an Bedeutung, da sie die Fähigkeit städtischer Systeme beschreibt, Störungen zu bewältigen, sich anzupassen und weiterzuentwickeln. Während die vorherigen Kapitel die Dimensionen physischer, ökologischer und sozialer Resilienz systematisch dargestellt haben, geht es im Folgenden um deren strategische Verankerung im Planungsprozess.

Abb. 2.4 zeigt die relevanten Einflussfaktoren wie Klimawandel, wirtschaftliche Dynamik, demografischen Wandel, Ressourcenverfügbarkeit, Naturgefahren, Technologieentwicklung und institutionelle Rahmenbedingungen, die einen Einfluss auf die resiliente Stadt haben [2]. Diese Rahmenbedingungen verdeutlichen, dass Resilienz kein eindimensionales Konzept ist, sondern ein dynamisches Verhältnis zwischen Raum, Gesellschaft und Umwelt darstellt. Die Komplexität städtischer Systeme erfordert strategische, aber zugleich adaptive Planungsansätze, die sowohl strukturelle Robustheit als auch flexible Reaktionsmöglichkeiten eröffnen.

Resilienzorientierte Stadtplanung ist dabei kein Spezialgebiet, sondern ein integrativer Querschnittsansatz, der verschiedene Handlungsfelder wie Umwelt, Infrastruktur, Mobilität und Partizipation miteinander verbindet. Ziel ist weniger Kontrolle, sondern vielmehr Anpassungsfähigkeit und Lernbereitschaft urbaner Systeme. [2, 5]

Damit Resilienz in der Planung wirksam wird, sind bestimmte Merkmale zentral:

- Transdisziplinarität: Die Zusammenarbeit unterschiedlicher Fachplanungen, Verwaltungsstellen, Forschung und lokaler Akteure schafft umfassende Perspektiven. [1, 2]
- Partizipation: Bürger werden nicht nur als Betroffene, sondern als Mitgestaltende verstanden. Dies stärkt das Vertrauen und die Akzeptanz notwendiger Anpassungsmaßnahmen. [2, 5]

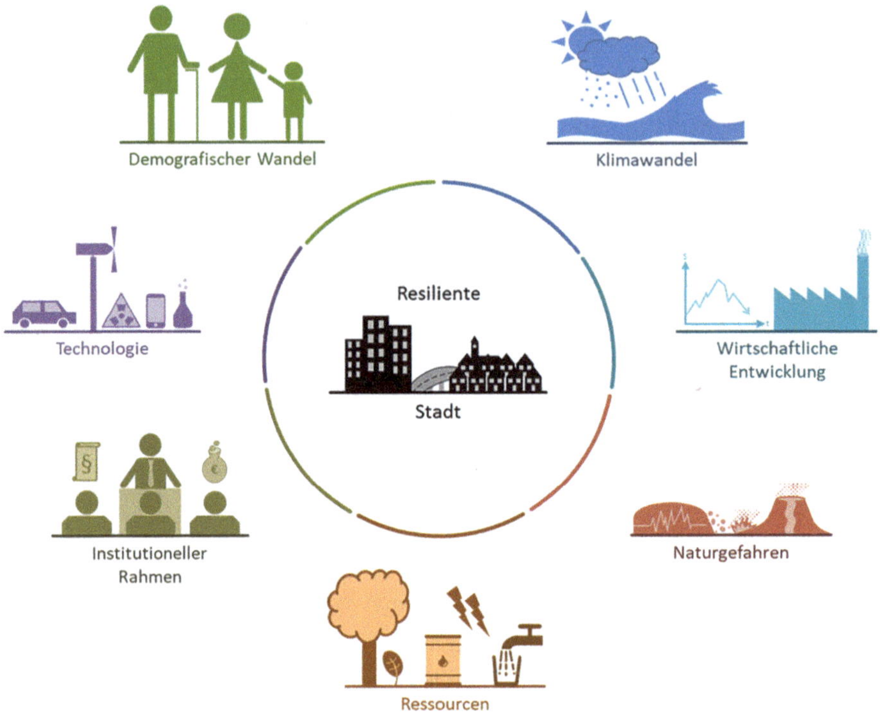

Abb. 2.4 Relevante Rahmenbedingungen einer resilienten Stadtentwicklung [2]

- Monitoring und Feedback: Regelmäßige Evaluationen sichern die langfristigen Wirkungen von Maßnahmen und ermöglichen Verbesserungen für zukünftige Projekte. [2, 5]
- Flexibilität in Zielsystemen: Anstelle fixer Zielvorgaben werden Entwicklungsrahmen definiert, die flexibel auf Veränderungen reagieren [2].

Konkrete Planungsinstrumente zur Förderung von Resilienz sind unter anderem:

- Integrierte Stadtentwicklungskonzepte mit Resilienzleitlinien
- DGNB-Zertifizierungssysteme, die Resilienz in verschiedenen Kriterien wie *„Ökologische Qualität"*, *„Prozessqualität"* und *„Soziokulturelle und funktionale Qualität"* berücksichtigen [5]
- Städtebauliche Wettbewerbe mit Fokus auf multifunktionale Raumlösungen und Resilienz [12]
- Klimaanpassungskonzepte auf kommunaler Ebene [13]
- Landschafts- und Freiraumkonzepte, die naturbasierte Lösungen integrieren [14]
- Diese Instrumente bieten methodische Grundlagen, um Resilienz als konkreten Planungsinhalt zu operationalisieren und nicht nur normativ zu benennen. Beispielsweise fordert die DGNB in ihrer Planungssystematik unter anderem die Einbindung

von Klimarisikoanalysen, die Identifikation stadtklimatischer Belastungsschwerpunkte sowie die Nutzung partizipativer Planungsinstrumente als Voraussetzung für resiliente Stadtquartiere [5]. Entscheidend ist das Zusammenspiel von formellen und informellen Instrumenten sowie die frühzeitige Integration in alle Planungsebenen [14].

Besonders die Quartiersebene eignet sich für die Umsetzung von Resilienzstrategien. Sie bildet die Schnittstelle zwischen übergeordneter Stadtplanung und konkreter Alltagspraxis. Hier verdichten sich soziale, infrastrukturelle und räumliche Aspekte, wodurch Maßnahmen gezielt auf spezifische Herausforderungen abgestimmt werden können. [2, 5]

Beispielhafte Ansätze auf Quartierebene sind:

- Grün- und Wasserflächen im Wohnumfeld zur Klimaregulation und Retention [12]
- Modulare Mobilitätskonzepte wie E-Lastenräder oder Carsharing [15, 16]
- Gemeinschaftsflächen für nachbarschaftliche Resilienzbildung [5]
- Bebauungsstrukturen mit Nutzungsmischung zur Reduktion von Abhängigkeiten [2, 5]

Resilienz in der Stadt- und Quartiersplanung ist somit weit mehr als ein technisches Ziel – sie ist Ausdruck einer vorausschauenden, kooperativen und reflektierenden Planungskultur. Städte und Quartiere, die physische, ökologische und soziale Resilienzdimensionen systematisch in ihre Entwicklungsprozesse einbinden, stärken nicht nur ihre Widerstandsfähigkeit, sondern auch ihre Innovationskraft und Zukunftsfähigkeit. Planung muss dabei nicht alles vorhersagen können, aber offen genug sein, mit dem Unvorhersehbaren umgehen zu können [2].

Für die vorliegende Arbeit ist dieses Kapitel von besonderer Bedeutung, da es die theoretische Basis für die spätere Entwicklung eines Prozessmodells bildet. Resilienz wird hier nicht nur als planerisches Leitbild verstanden, sondern als Querschnittsaufgabe, die von der Strategie bis zur Umsetzung auf Quartiersebene integriert werden muss. Damit wird die Verbindung zwischen theoretischem Konzept und praktischer Quartiersplanung hergestellt, die im weiteren Verlauf der Arbeit konkretisiert wird.

Literatur

1. Bundesinstitut für Bau-, Stadt und Raumforschung (BBSR): Stresstest Stadt – wie resilient sind unsere Städte? Unsicherheiten der Stadtentwicklung identifizieren, analysieren und bewerten, Bonn, 2018.
2. Schulwitz, M.: Vulnerabilitäts- und Resilienzprofile städtischer Systeme, Dissertation, Städtebau-Institut der Universität Stuttgart, 2020.
3. Friedrichsen, S.: Nachhaltiges Planen, Bauen und Wohnen, Kriterien für Neubau und Bauen im Bestand, 3. Auflage, Springer Vieweg, Berlin, 2024.
4. DGNB GmbH: Kriterienkatalog Gebäude Neubau, 2023.
5. DGNB GmbH: Kriterienkatalog Quartiere, 2020.

6. Christmann, G., Kilper, H., Ibert, O.: Die resiliente Stadt in den Bereichen Infrastrukturen und Bürgergesellschaft, Schriftenreihe Sicherheit Nr. 19, Forschungsforum Öffentliche Sicherheit, 2016.
7. Oebbecke, T.: Nachhaltigkeit in Architektur und Städtebau, Klimafreundliche und resiliente Transformation unserer gebauten Umwelt im Lebenszyklus, Springer Vieweg, Wiesbaden, 2025.
8. Sahling, U.: Klimaschutz und Energiewende in Deutschland, Herausforderungen – Lösungsbeiträge – Zukunftsperspektiven, Springer Spektrum, Berlin, 2022.
9. Brasseur, G., Jacob, D., Schuck-Zöller, S.: Klimawandel in Deutschland, Entwicklung, Folgen, Risiken und Perspektiven, Springer Spektrum, Berlin und Heidelberg, 2017.
10. Deutsches Institut für Urbanistik gGmbH (Difu): Praxisratgeber Klimagerechtes Bauen, Mehr Sicherheit und Wohnqualität bei Neubau und Sanierung, Köln, 2017.
11. Meyer, C.: Wasser-resiliente Stadtentwicklung im Kontext des Klimawandels, Masterthesis im Studiengang Umweltingenieurswissenschaften, Technische Universität Darmstadt, 2020.
12. Stadt Karlsruhe: Umwelt- und Arbeitsschutz Klimaanpassungsstrategie 2021, Monitoringbericht und 1. Fortschreibung, Teil 2: Umsetzungsstand der Maßnahmen und Ausblick, Stadt Karlsruhe, Umwelt- und Arbeitsschutz, 2021.
13. Hagelstange, J., Rösler, C., Runge, K.: Klimaschutz, erneuerbare Energien und Klimaanpassung in Kommunen, Maßnahmen, Erfolge, Hemmnisse und Entwicklungen – Ergebnisse der Umfrage 2020, Deutsches Institut für Urbanistik gGmbH (Difu Paper), Köln, 2021.
14. Deutsches Institut für Urbanistik gGmbH (Difu): Praxisleitfaden Klimaschutz in Kommunen, 4., aktualisierte Auflage, Berlin, 2023.
15. Bauer, W, Riedel, O., Braun, S.: #elasticity – Experimentelle Innenstädte und öffentliche Räume der Zukunft, Empirische Szenariostudie der Innovationspartnerschaft Innenstadt 2030+ | Future Public Space, Fraunhofer-Institut für Arbeitswirtschaft und Organisation IAO, 2021.
16. Bauer, W., von Radecki, A., Ottendörfer, E.: Zukunftsfähige Städte und Regionen, Eine neue Strategie für die breite Umsetzung nachhaltiger Stadtentwicklung in Deutschland, Morgenstadt Initiative der Fraunhofer-Gesellschaft, Fraunhofer-Institut für Arbeitswirtschaft und Organisation (IAO), 2020.

3 Analyse des aktuellen Stands der Forschung

3.1 Forschungsstand: Literatur zu resilienten Wohnquartieren

Die Notwendigkeit resilienter Wohnquartiere ergibt sich aus den zunehmenden Auswirkungen des Klimawandels auf städtische Lebensräume. Extremwetterereignisse wie Hitzewellen, Starkregen oder Stürme stellen die gebaute Umwelt und insbesondere Wohnquartiere vor neue Herausforderungen. Resilienz wird dabei zunehmend als zentrales Leitmotiv verstanden, um diese Herausforderungen zu bewältigen und urbane Systeme widerstandsfähiger gegenüber externen Schocks und langfristigen Belastungen zu machen. [1]

Die theoretische Grundlage resilienter Quartiere baut auf den frühen Arbeiten von *Holling* (1973) sowie der Weiterentwicklung durch *Folke* (2006) auf. Aufbauend auf diesen Konzepten konzentriert sich die aktuelle Forschung zunehmend auf die Operationalisierung in der gebauten Umwelt, insbesondere durch *„Eigenschaften wie Robustheit, Adaptivität, Redundanz und Transformativität“*. [1] Diese bilden die Basis für methodische Ansätze zur Messung und Operationalisierung des Resilienzbegriffs in der gebauten Umwelt.

Trotz der zunehmenden Verwendung des Resilienzbegriffs bleibt seine Messbarkeit ein methodisches Problem. Die Vielzahl an Definitionen und die holistischen Verständnisse erschweren die Entwicklung eines einheitlichen Resilienzmaßes, das praxisrelevant und wissenschaftlich belastbar ist. Während die physische Dimension – wie etwa die Robustheit baulicher Strukturen – mit technischen Methoden gut quantifizierbar ist, bleibt die Bewertung der institutionellen und sozialen Resilienz oft qualitativen Einschätzungen vorbehalten. [1]

In Deutschland wurde mit dem *„Stresstest Stadt“* ein Instrument zur vergleichbaren Messung urbaner Resilienz vorgelegt. Es basiert auf der Idee, durch Indikatoren wie

M. Höfling, *Resilienz in der Baubranche*, Entwicklung neuer Ansätze zum nachhaltigen Planen und Bauen, https://doi.org/10.1007/978-3-658-51581-2_3

bauliche Robustheit, soziale Verwundbarkeit und institutionelle Anpassungsfähigkeit Aussagen über den Resilienzgrad städtischer Räume zu treffen. Solche Systeme ermöglichen eine Bewertung verschiedener Planungsalternativen und dienen als Kommunikationsinstrument gegenüber politischen Entscheidungsträgern. Allerdings bestehen methodische Schwächen, insbesondere bei der Berücksichtigung zukünftiger Entwicklungen, bei der Bewertung komplexer Systeminteraktionen sowie bei der Gefahr einer fälschlichen Gleichsetzung hoher Resilienzwerte mit Handlungssicherheit. [1, 2]

Neben den theoretischen Grundlagen finden sich zunehmend auch empirische Arbeiten zu realisierten Maßnahmen resilienter Quartiere. Beispielsweise untersucht das Deutsche Institut für Urbanistik [Difu] im Rahmen seiner Praxisleitfäden, wie integrierte Klimaanpassungs- und Schutzkonzepte in städtischen Quartieren umgesetzt werden können. Dabei zeigt sich, dass insbesondere Kommunen, die über Satzungen, Förderprogramme und strategische Konzepte verfügen, signifikante Fortschritte in Richtung Resilienz erzielen konnten. [3]

Darüber hinaus liefert die Literatur zu Bewertungssystemen – wie der DGNB – Hinweise darauf, wie bauliche und planerische Resilienz im Rahmen von Zertifizierungsprozessen operationalisiert werden kann. Hierbei spielen Kriterien zur Wasserbewirtschaftung, Klimaanpassung oder Versorgungssicherheit eine Schlüsselrolle. Sie werden zunehmend als Orientierungsrahmen für Neubau- und Quartiersentwicklung genutzt. [4]

Um die wichtigsten Erkenntnisse aus Theorie, Methodik und Praxis systematisch darzustellen, fasst die folgende Tabelle zentrale Ergebnisse aus dem Forschungsstand resilienter Quartiere zusammen (Tab. 3.1):

Zusammenfassend zeigt der Forschungsstand, dass sich die Diskussion um resiliente Quartiere zwischen theoretischer Fundierung und praktischer Umsetzbarkeit bewegt. Während grundlegende Eigenschaften wie Robustheit, Adaptivität, Redundanz und Transformativität in der Literatur klar herausgearbeitet sind, bleibt ihre Messbarkeit insbesondere im sozialen und institutionellen Bereich schwierig. Bestehende Instrumente wie der *„Stresstest Stadt"* oder Zertifizierungssysteme wie die DGNB liefern zwar Ansätze zur Operationalisierung, stoßen jedoch bei komplexen Systeminteraktionen und zukünftigen Entwicklungen an methodische Grenzen. Empirische Arbeiten – vor allem kommunale Leitfäden und Praxisbeispiele – verdeutlichen zugleich, dass Fortschritte vor allem dort erzielt werden, wo strategische Konzepte, Förderprogramme und verbindliche Kriterien angewendet werden.

Damit verdeutlicht der Forschungsstand, dass trotz verfeinerter Ansätze zur Messung und Operationalisierung weiterhin erhebliche Herausforderungen im Praxistransfer bestehen. Dies unterstreicht die Relevanz eines praxistauglichen, prozessorientierten Modells für die Quartiersentwicklung – ein Ziel, das im Rahmen dieser Arbeit systematisch verfolgt wird.

Tab. 3.1 Zentrale Erkenntnisse aus dem Forschungsstand resilienter Quartiere. (Eigene Darstellung)

Forschung	Erkenntnis	Bezug zu resilienten Quartieren
Begriffliche Grundlagen durch *Holling* (1973) und *Folke* (2006)	Operationalisierung über *„Robustheit, Adaptivität, Redundanz und Transformativität“* [1]	Dient als theoretisches Fundament für die spätere Entwicklung eines Prozessmodells.
Messbarkeit der Resilienz	Die Messbarkeit bleibt methodisch schwierig. Vor allem soziale und institutionelle Dimensionen nur qualitativ erfassbar. [1]	Zeigt, dass ein praxisnahes Konzept Indikatoren und qualitative Verfahren verbinden muss.
„Stresstest Stadt“	Das Instrument bietet erste Bewertungsansätze, aber methodische Schwächen bleiben. [1, 2]	Belegt die Notwendigkeit eines übertragbaren, flexiblen Bewertungsansatzes im Quartierskonzept.
Empirische Leitfäden (z. B. Difu-Leitfaden)	Diese empirischen Arbeiten zeigen erste Fortschritte bei Kommunen mit klaren Strategien. [3]	Liefert Praxisimpulse für die Übertragbarkeit in die Quartiersentwicklung.
DGNB und andere Zertifizierungssysteme	Zertifizierungssysteme operationalisieren Resilienz über konkrete Kriterien (Wasser, Klima, Versorgung). [4]	Orientierungshilfe für das Prozessmodell und dessen Integration in bestehende Standards.

3.2 Relevante Regularien und Standards

Die Realisierung klimaresilienter und nachhaltiger Wohnquartiere ist stark abhängig von den rechtlichen Rahmenbedingungen, planerischen Instrumenten und normativen Standards auf verschiedenen Ebenen. Regularien auf Bundes-, Landes- und kommunaler Ebene sowie Zertifizierungssysteme, Förderprogramme und städtebauliche Satzungen prägen die Umsetzung resilienter Planungsansätze maßgeblich. [3, 5] Zu den gesetzlichen Grundlagen und politischen Strategien gehören die Bundes-, die Landes- und die kommunale Ebene.

Rechtliche Rahmenbedingungen auf Bundesebene

Mit der Deutschen Anpassungsstrategie [DAS], die seit 2008 kontinuierlich fortgeschrieben wird, wurde auf Bundesebene ein strategischer Rahmen zur Erhöhung der Resilienz gegenüber den Folgen des Klimawandels geschaffen. Ziel ist die Reduktion der Verwundbarkeit gegenüber klimabedingten Risiken sowie die Erhöhung der Anpassungsfähigkeit natürlicher und gesellschaftlicher Systeme. In dem Aktionsplan der DAS werden maßnahmenbasierte Strategien in verschiedenen Sektoren beschrieben, darunter Infrastruktur, Wasser, Gesundheit, Boden und Wirtschaft. Kommunen wird darin eine besondere Rolle zugewiesen, da sie zentrale Aufgaben der Daseinsvorsorge übernehmen und direkt von den Folgen des Klimawandels betroffen sind. [3]

Gesetzlich ist die Klimaanpassung im Baugesetzbuch [BauGB] verankert. Seit der Teilnovelle im Jahr 2011 wurden Klimaschutz und Klimaanpassung explizit als Belange im § 1 Abs. 5 sowie § 1a BauGB aufgenommen. [3]

„*Die Bauleitpläne sollen eine nachhaltige städtebauliche Entwicklung, die die sozialen, wirtschaftlichen und umweltschützenden Anforderungen auch in Verantwortung gegenüber künftigen Generationen miteinander in Einklang bringt, und eine dem Wohl der Allgemeinheit dienende sozialgerechte Bodennutzung unter Berücksichtigung der Wohnbedürfnisse der Bevölkerung gewährleisten. Sie sollen dazu beitragen, eine menschenwürdige Umwelt zu sichern, die natürlichen Lebensgrundlagen zu schützen und zu entwickeln sowie den Klimaschutz und die Klimaanpassung, insbesondere auch in der Stadtentwicklung, zu fördern und zur Erfüllung der Klimaschutzziele des Bundes-Klimaschutzgesetzes die Wärme- und Energieversorgung von Gebäuden treibhausgasneutral zu gestalten sowie die städtebauliche Gestalt und das Orts- und Landschaftsbild baukulturell zu erhalten und zu entwickeln. Hierzu soll die städtebauliche Entwicklung vorrangig durch Maßnahmen der Innenentwicklung erfolgen.*" BauGB, § 1, Abs. 5 (Stand 2023) [6]

„*Den Erfordernissen des Klimaschutzes soll sowohl durch Maßnahmen, die dem Klimawandel entgegenwirken, als auch durch solche, die der Anpassung an den Klimawandel dienen, Rechnung getragen werden. (…)*" BauGB, § 1a, Abs. 5 (Stand 2023) [6]

Diese sogenannte Klimaschutzklausel verpflichtet die Bauleitplanung zur Berücksichtigung von Klimafolgen – ein fundamentaler Hebel für die resiliente Quartiersplanung. Ziel ist eine umweltverträgliche und sozialgerechte Entwicklung, die auch die Bedürfnisse zukünftiger Generationen berücksichtigt. [3] Solche gesetzlichen Vorgaben bilden den normativen Rahmen für resiliente Siedlungsstrukturen.

Länderebene und kommunale Instrumente

Die Bundesländer gehen unterschiedlich mit der Herausforderung Klimaanpassung um. Auf Länderebene wurden einzelne Gesetze zur Klimaanpassung etabliert, beispielhaft das Klimaanpassungsgesetz des Landes Nordrhein-Westfalen (2021). Auf kommunaler Ebene zeigen sich große Unterschiede: Während manche Städte wie Karlsruhe bereits mit Entwässerungssatzungen, gesplitteten Abwassergebühren oder Verpflichtungen zur Regenwasserversickerung arbeiten [7], fehlen anderen Kommunen Strategien und Ressourcen.

Darüber hinaus bestehen planerische Instrumente wie der Flächennutzungsplan [FNP] oder der Bebauungsplan [B-Plan], in denen Festsetzungen zu Regenwassermanagement, Freiraumgestaltung oder Begrünungspflichten getroffen werden können. Die Umsetzungsmöglichkeiten wasserresilienter Maßnahmen sind inzwischen gut dokumentiert und gesetzlich geschützt (Tab. 3.2). [7]

Die Kombination aus strategischen Konzepten und verbindlicher Bauleitplanung ermöglicht es Kommunen, wasserresiliente Strukturen systematisch zu verankern. Für die vorliegende Arbeit ist besonders relevant, dass solche Instrumente zeigen, wie

Tab. 3.2 Beispiele wasserresilienter Festsetzungen in FNP und B-Plan. (In Anlehnung an [7], Eigene Darstellung)

Planungsinstrument	Mögliche Festsetzungen	Beitrag zur Wasserresilienz
Flächennutzungsplan [FNP] §5 Abs. 2 BauGB	Darstellung von Grünflächen und Retentionsräumen	Förderung von Versickerung und Verbesserung des Mikroklimas
	Kennzeichnung von Flächen für Wasserschutz oder Regenrückhalt	Schaffung und Sicherung von Flächen für dezentrale Regenwasserbewirtschaftung
	Schutz von Waldflächen	Sicherung der Klimaregulation und Regenwasserrückhalt
Bebauungsplan [B-Plan] §9 Abs. 1 BauGB	Begründungspflicht für Dächer und Fassaden	Reduktion des Oberflächenabflusses, Verbesserung des Mikroklimas, Verdunstungskühlung
	Festsetzung offener Bauweisen mit Grünanteil	Förderung von Versickerung und Kühlung im Quartier
	Vorgaben zur Regenwasserversickerung auf Grundstücken	Entlastung der Kanalisation, Verringerung des Hochwasserrisikos

Resilienzanforderungen rechtlich gesichert und planerisch konkretisiert werden können – ein zentraler Bezugspunkt für die Übertragbarkeit in die Quartiersentwicklung.

Förderprogramme und Initiativen

Ein zentrales Instrument zur Umsetzung von Resilienzmaßnahmen auf kommunaler Ebene ist die Kommunalrichtlinie des Bundesministeriums für Umwelt, Klimaschutz, Naturschutz und nukleare Sicherheit [BMU], die seit 2008 die Förderung kommunaler Klimaschutzkonzepte sowie die Finanzierung von Personalstellen, etwa für Klimaschutzmanager, ermöglicht. [3, 5] Die Zahl der bewilligten Vorhaben hat sich über die Jahre kontinuierlich erhöht, was die wachsende Bedeutung kommunaler Verantwortung im Klimaschutz unterstreicht. [3]

Auch Modellobjekte wie die vom Bundesministerium für Forschung, Technologie und Raumfahrt [BMBF] geförderten *„Zukunftsstadt“*-Projekte oder Smart-City-Initiativen bieten Impulse, fokussieren sich jedoch oft auf spezifische Sektoren oder Digitalisierung, ohne stets den Gesamtzusammenhang resilienter Stadtentwicklung zu betrachten [8]

Zertifizierungssysteme als Steuerungselemente

Zertifizierungssysteme wie die DGNB (Deutschland), LEED (USA) oder BREEAM (UK) bieten strukturierte und praxisnahe Bewertungs- und Planungshilfen für Nachhaltigkeit und Resilienz im Bau. Sie dienen nicht nur der Qualitätssicherung, sondern auch als Innovationsimpuls und Orientierung für Bauherren und Planer und stellen umfassende Kriterienkataloge zur Verfügung, die ökologische, ökonomische, soziale und technische Aspekte integrieren. Im Fall der DGNB etwa werden Gebäude und Quartiere auf Grundlage von Indikatoren wie Ressourcenschonung, Energieeffizienz, Nutzerkomfort,

Standortqualität und Klimaanpassung explizit in ihren Kriterienkatalogen bewertet. Dabei fungieren diese Systeme nicht nur als Qualitätsnachweis, sondern auch als Impulsgeber für Innovationen in Planung und Ausführung. [4]

Die DGNB-Zertifizierung bietet ein etabliertes Bewertungssystem für nachhaltige Quartiersentwicklung, das verschiedene Qualitäten – darunter ökologische, soziokulturelle, technische und prozessuale Aspekte – systematisch erfasst. Resilienz wird dabei nicht als separates Ziel, sondern als integrativer Bestandteil verstanden. Kriterien wie Klimaanpassung, Wassermanagement, Biodiversität, Partizipation oder Sicherheitskonzepte fließen in die Bewertung ein und zeigen exemplarisch, wie resilient gestaltete Quartiere umfassend gedacht werden können. Die im Anhang 2 dargestellten Abbildungen veranschaulichen die Gewichtung und Einbettung dieser Kriterien in das Gesamtsystem der DGNB-Zertifizierung. [9] Besonders praxisrelevant ist, dass Zertifizierungssysteme vertraglich fixierbar sind: In sogenannten „grünen Verträgen" können ihre Inhalte bindend in die Projektabwicklung integriert werden und damit über den gesamten Bauprozess hinweg Standards sichern. [4] Für die vorliegende Arbeit ist dieser Aspekt insofern bedeutsam, als dass er zeigt, wie Resilienzanforderungen verbindlich in Planung und Umsetzung einbezogen werden können – ein zentraler Aspekt für die Entwicklung belastbarer Konzepte zur Quartiersgestaltung.

Erkenntnisse für die Arbeit

Die Messbarkeit und Quantifizierung urbaner Resilienz bleibt eine Herausforderung. Ansätze wie der *„Stresstest Stadt"* oder Resilienzkriterien mit unterschiedlicher Gewichtung helfen bei der Vergleichbarkeit, sind aber methodisch limitiert. Insbesondere soziale und institutionelle Resilienz lassen sich nur schwer quantifizieren und erfordern qualitative Einschätzungen sowie kontinuierliche Anpassungsprozesse. [1] Daraus resultiert die Gefahr, dass zentrale, aber schwer messbare Aspekte vernachlässigt oder verzerrt werden, was zu einer einseitigen Priorisierung quantifizierbarer Maßnahmen führt und damit das ganzheitliche Verständnis von Resilienz untergraben kann.

Die Regulierung resilienter Quartiere steht an einem Übergangspunkt: Trotz zahlreicher Initiativen, Gesetze und Programme zeigt sich in der Praxis häufig eine fehlende konkrete Umsetzung vor Ort. Eine ganzheitliche, integrierte Betrachtung von Klimaschutz- und Anpassung bleibt vielfach aus. Kommunen benötigen mehr Ressourcen, klare Leitbilder wie die *„Stadt der kurzen Wege"*, sowie ein stärkeres Zusammenspiel von partizipation und strategischer Planung. [10]

Ein systematischer, multi-skalarer Ansatz – von der DGNB-Zertifizierung über kommunale Satzungen bis zur Bauleitplanung – ist essenziell, um klimawandelresiliente Wohnquartiere wirksam umzusetzen. Es bedarf einer besseren Verzahnung von planungsrechtlichen Instrumenten, Fördermechanismen und Zertifizierungssystemen. Die Etablierung verbindlicher Standards, aber auch die Entwicklung flexibler, ortsspezifischer Lösungen durch Planungsinstrumente sind der Schlüssel zur erfolgreichen Umsetzung resilienter Wohnquartiere.

3.3 Analyse und Bewertung realisierter resilienter Wohnquartiere

Die Betrachtung realisierter Projekte dient dazu, den Forschungs- beziehungsweise Regelungsstand (Abschn. 3.1 und 3.2) um praxisnahe Umsetzungen zu ergänzen. Ausgewählt wurden zwei Quartiere, die in besonderer Weise Maßnahmen zur Klimaanpassung, zum Wassermanagement und zur sozialen Resilienz umgesetzt haben. Für die eigene Arbeit sind sie insofern relevant, dass diese zeigen, wie theoretische und planerische Konzepte im Bau- und Stadtentwicklungsprozess tatsächlich angewendet werden. Zur besseren Vergleichbarkeit wurden in diesem Kapitel ausschließlich nationale Projekte betrachtet, da sie auf gemeinsamen rechtlichen, planerischen und klimatischen Rahmenbedingungen basieren und somit eine fundierte Gegenüberstellung ermöglichen.

Fallbeispiel *Herzkamp*, Hannover-Bothfeld

Das Quartier *Herzkamp* in Hannover-Bothfeld gilt als eines der bekanntesten Beispiele für wasserresiliente Stadtplanung in Deutschland. In enger Kooperation zwischen der Landeshauptstadt Hannover und dem Bauträger Grundlach entstand ab 2016 das Pilotprojekt *„Klimaangepasstes, nachhaltiges Wohnen und Leben im Quartier (KlimaWohL)"*, das als kommunales Leuchtturm-Projekt vom Bundesumweltministerium gefördert und wissenschaftlich begleitet wurde. [3] Dabei orientiert sich das Konzept am *„Leitbild einer nachhaltigen Stadtentwicklung"* [11]. Ziel war es, ein Modellquartier zu entwickeln, in dem diverse Klimaanpassungsmaßnahmen (Kaltluftleitbahnen, dezentrales Regenwassermanagement, Dach- und Fassadenbegrünung, Straßenbäume) von der Konzeptions- über die Bau- bis in die Nutzungsphase hinein systematisch erprobt werden. [3, 11]

Auf einer Fläche von etwa 9200 m^2 wurden rund 300 Wohneinheiten mit einer sozialen Mischung aus Eigentums- und Mietwohnungen, Reihenhäusern und gefördertem Wohnraum geplant. Ergänzt wird das Quartier durch eine vierzügige Kita, einen Bolzplatz und einen Quartiersplatz, die eine funktionale und soziale Anbindung an den Stadtteil gewährleisten. Aufgrund dieser vielfältigen Struktur bot das Projekt günstige Voraussetzungen für die Beteiligung und Vernetzung unterschiedlicher Akteure. [3]

Abb. 3.1 zeigt das Neubauquartier mit großzügigen Freiflächen und integrierten Kaltluftschneisen:

Das Wohnquartier *Herzkamp* entstand auf Grundlage von 20 konkreten Maßnahmen, die gezielt auf die Herausforderungen des Klimawandels sowie auf Prinzipien nachhaltiger Stadtentwicklung eingehen. Ein Übersichtsplan des Quartiers und die 20 umgesetzten Maßnahmen sind in Anhang 3 dargestellt.

Wesentliche Kernmaßnahmen des Projekts waren:

- Regenwassermanagement: Dezentral angelegte Mulden, Versickerungsflächen und Rückhaltebecken sorgen dafür, dass Regenwasser vor Ort aufgenommen und verzögert abgeleitet wird. Dadurch wird die Kanalisation entlastet und Überflutungsrisiken werden verringert.

Abb. 3.1 Bild des Projekts mit großzügigen Freiflächen, Kaltluftschneißen und einer Bahnstation [12]

- Grün- und Freiraumgestaltung: Ein engmaschiges Netz aus Grünflächen, bepflanzten Höfen und Baumpflanzungen verbessert das Mikroklima und steigert zugleich die Aufenthaltsqualität.
- Integration in den Städtebau: Die Maßnahmen sind nicht als technische Einzelprojekte konzipiert, sondern in die gesamte Quartiersgestaltung eingebettet – von den Freiräumen über die Wegeverbindung bis hin zur Architektur.
- Soziale Aspekte: Neben baulich-technischen Lösungen wurde Wert auf gemeinschaftlich nutzbare Flächen gelegt, um auch die soziale Resilienz zu stärken. (für die gesamte Auflistung: [11])

Das Wohnquartier *Herzkamp* in Hannover zeigt damit, wie klimaangepasstes Bauen auf Quartiersebene nicht nur technisch umsetzbar, sondern auch sozial verträglich ist. Die gezielte Verbindung von Klimaanpassung, Klimaschutz und sozialer Durchmischung führte nachweislich zu positiven Effekten für das Mikroklima, in der Regenwasserbewirtschaftung, der Aufenthaltsqualität sowie in der Energieeffizienz. Ein wesentlicher Erfolgsfaktor war das integrative Planungsvorgehen: Verwaltung, Wohnungswirtschaft, Fachplanung und Bevölkerung arbeiteten phasenübergreifend zusammen. Die im Projekt entwickelten *„KlimaWohL"*-Punkte verdeutlichen die Breite der Maßnahmen – von technischen Innovationen bis zu prozessualen Strategien. Gleichzeitig profitierte das Quartier von günstigen Standortfaktoren wie Waldrandlage und ÖPNV-Anbindung, die nicht an jedem Standort gegeben sind. Dennoch ist die methodische Vorgehensweise übertragbar: Ein weiteres Planungsinstrument integrierte klimatische und hydrologische Fachbeiträge von Beginn an in die städtebaulichen Prozesse. Dokumentiert wurde dieser Ansatz in einem Praxisleitfaden mit Handlungsempfehlungen und Kennwerten. [11])

Zusammenfassend lässt sich sagen: *Herzkamp* ist ein realisiertes Beispiel für klimaresilientes Wohnen im urbanen Raum – jedoch kein vollumfänglich übertragbares Modell. Entscheidend ist, die dort entwickelten Prinzipien frühzeitig in die Planung künftiger Quartiere zu integrieren und flexibel an die Bedingungen vor Ort anzupassen. Nur so kann klimaangepasstes Bauen zum Standard werden – auch unter weniger idealen Ausgangsbedingungen.

Fallbespiel *Oberer Säuterich*, Karlsruhe-Durlach

Die Stadt Karlsruhe verfolgt seit mehreren Jahren eine strategisch verankerte Klimaanpassungspolitik, die politisch breit getragen wird. Bereits 2013 wurde eine kommunale Klimaanpassungsstrategie beschlossen, gefolgt vom *„Städtebaulichen Rahmenplan Klimaanpassung"* im Jahr 2015. Die Klimaanpassung bildet dabei einen integralen Bestandteil der Stadtentwicklung und ist im Leitbild der *„Grünen Stadt Karlsruhe"* als sogenanntes Korridorthema verankert. [13]

Das Neubauquartier *Oberer Säuterich* in Karlsruhe-Durlach wurde als Modellprojekt für klimaresiliente Stadtentwicklung konzipiert. Ziel war es, Wohnen, Klimaschutz und Klimaanpassung eng zu verzahnen und auf Quartiersebene zu setzen. Das Verfahren zur städtebaulichen Entwurfsplanung wurde dabei gezielt genutzt, um stadtklimatische Anforderungen bereits in der Wettbewerbsphase verbindlich zu verankern. In der Ausschreibung wurde ausdrücklich auf die klima- und energiebezogenen Zielsetzungen aus dem Klimaanpassungsplan der Stadt Bezug genommen. [13]

Zentrale Kernmaßnahmen in diesem Projekt waren:

- Regenwassermanagement: Dezentrale Versickerung, Rückhalteflächen und Nutzung von Regenwasser zur Bewässerung
- Blau-grüne Infrastruktur: großzügige Grünzüge, Baumbepflanzungen und offene Wasserflächen zur Kühlung und Steigerung der Biodiversität
- Energie und Mobilität: energieeffiziente Gebäude (Verschattungselemente, höhere Albedo), Integration erneuerbarer Energien sowie nachhaltige Mobilitätsangebote (Carsharing, E-Ladesäulen)
- Soziale Aspekte: Gemeinschaftsflächen und Beteiligung der Bewohner im Planungsprozess
  (für die gesamte Auflistung: [13])

Der Planungsentwurf in Abb. 3.2 zeigt eine durchgrünte Quartiersstruktur mit integrierten Wasserflächen, großzügigen Freiräumen und einer Durchlüftungsstruktur, die auf die klimatischen Vorgaben aus dem Klimaanpassungsplan reagiert.

Das Quartier *Oberer Säuterich* in Karlsruhe-Durlach verdeutlicht ebenfalls, wie Klimaanpassung frühzeitig und systematisch in die städtebauliche Planung integriert werden kann. Klimatische und wasserbezogene Anforderungen wurden bereits in der Wettbewerbsphase festgelegt und prägen damit die städtebauliche Struktur – etwa durch Maßnahmen zur Durchlüftung, Begrünung und Regenwasserrückhaltung.

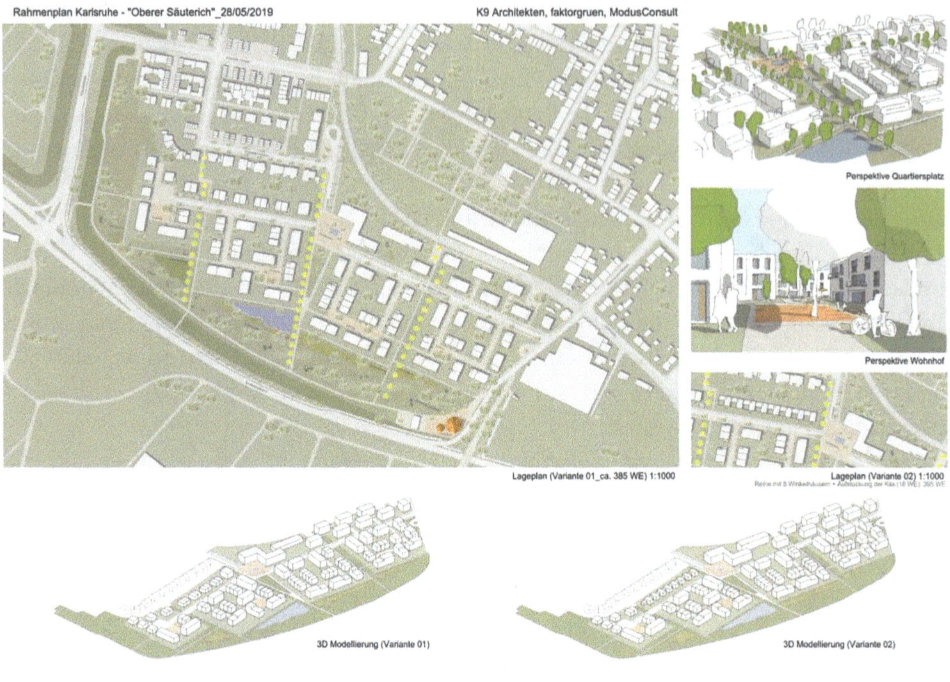

Abb. 3.2 Rahmenplan Oberer Säuterich mit Freiraumbezügen, Wasserflächen, durchlüfteter Bebauungsstruktur und quartiersbezogenen Perspektiven [13]

Die besondere Stärke des Projekts liegt im Prozess: Klimaziele wurden verbindlich in Wettbewerbsunterlagen verankert und Bewertungskriterien herangezogen. Diese Vorgehensweise ist prinzipiell auf andere Städte übertragbar, sofern politische Unterstützung und fachliche Kompetenz in der Verwaltung vorhanden sind. Weniger übertragbar sind hingegen die konkreten räumlichen Voraussetzungen wie Randlage, Grünraumanschluss und Kaltluftzufuhr.

Vergleich der beiden Fallbeispiele

Vergleicht man das Quartier *Oberer Säuterich* mit dem Projekt *Herzkamp,* zeigen sich sowohl Parallelen als auch unterschiedliche Schwerpunkte. Beide Projekte setzen auf eine grüngeprägte, klimaresiliente Quartiersentwicklung, die nicht nur technische Anpassungen (wie Dachbegrünung, Regenwassermanagement, etc.) sondern auch sozialräumliche Aspekte wie Aufenthaltsqualität, Gesundheit und Lebensstil berücksichtigt. In beiden Fällen wurden Kaltluftströme gesichert, Entsiegelungsmaßnahmen ergriffen und dezentrale Regenwasserbewirtschaftung vorgesehen.

Der wesentliche Unterschied liegt im Planungsvorgehen: Während Karlsruhe die Klimaanpassung bereits im Wettbewerb verankert und somit gestalterisch tief integrierte, setzte Hannover auf ein kooperatives, phasenübergreifendes Vorgehen mit breiter

Beteiligung. Zudem liegt *Herzkamp* direkt am Wald in einem ausgeprägten Kaltluftentstehungsgebiet, was eine außergewöhnlich gute Ausgangslage für die klimatische Wirksamkeit bietet. Der *Obere Säuterich* profitiert ebenfalls von Flächenanbindung, zeigt aber zugleich, wie klimatische Wirkprinzipien auch systematisch in neu zu erschließende Siedlungsflächen integriert werden können.

Insgesamt ergänzen sich beide Projekte als komplementäre Beispiele – *Herzkamp* als prozessorientiertes Modell, *Oberer Säuterich* als wettbewerbsbasiertes Verfahren – und liefern wertvolle Impulse für die klimaresiliente Quartiersentwicklung.

Literatur

1. Schulwitz, M.: Vulnerabilitäts- und Resilienzprofile städtischer Systeme, Dissertation, Städtebau-Institut der Universität Stuttgart, 2020.
2. Bundesinstitut für Bau-, Stadt und Raumforschung (BBSR): Stresstest Stadt – wie resilient sind unsere Städte? Unsicherheiten der Stadtentwicklung identifizieren, analysieren und bewerten, Bonn, 2018.
3. Sahling, U.: Klimaschutz und Energiewende in Deutschland, Herausforderungen – Lösungsbeiträge – Zukunftsperspektiven, Springer Spektrum, Berlin, 2022.
4. Oebbecke, T.: Nachhaltigkeit in Architektur und Städtebau, Klimafreundliche und resiliente Transformation unserer gebauten Umwelt im Lebenszyklus, Springer Vieweg, Wiesbaden, 2025.
5. Deutsches Institut für Urbanistik gGmbH (Difu): Praxisleitfaden Klimaschutz in Kommunen, 4., aktualisierte Auflage, Berlin, 2023.
6. dtv Verlagsgesellschaft mbH & Co. KG: BauGB (Baugesetzbuch), 55. Auflage, München, 2023.
7. Meyer, C.: Arbeitshilfe „Wasser-resiliente Stadtentwicklung im Kontext des Klimawandels“, Ergebnis der Masterthesis im Studiengang Umweltingenieurswissenschaften, Technische Universität Darmstadt, 2020.
8. Bauer, W., von Radecki, A., Ottendörfer, E.: Zukunftsfähige Städte und Regionen, Eine neue Strategie für die breite Umsetzung nachhaltiger Stadtentwicklung in Deutschland, Morgenstadt Initiative der Fraunhofer-Gesellschaft, Fraunhofer-Institut für Arbeitswirtschaft und Organisation (IAO), 2020.
9. DGNB GmbH: Kriterienkatalog Quartiere, 2020.
10. Brasseur, G., Jacob, D., Schuck-Zöller, S.: Klimawandel in Deutschland, Entwicklung, Folgen, Risiken und Perspektiven, Springer Spektrum, Berlin und Heidelberg, 2017.
11. Kanning, H., et. al.: Das KlimaWohL-Prinzip. Praxisleitfaden. sustainify Tools und Texte, 1, Hannover, 2020.
12. Priesemann, S.: Funktioniert es? Klimaangepasstes Wohnen im Herzkamp in Hannover, https://www.gundlach-bau.de/magazin/einzelansicht/funktioniert-es-klimaangepasstes-wohnen-im--herzkamp-in-hannover, 05.09.2025.
13. Stadt Karlsruhe: Umwelt- und Arbeitsschutz Klimaanpassungsstrategie 2021, Monitoringbericht und 1. Fortschreibung, Teil 2: Umsetzungsstand der Maßnahmen und Ausblick, Stadt Karlsruhe, Umwelt- und Arbeitsschutz, 2021.

4 Entwicklung eines integrativen Konzepts für ein resilientes Wohnquartier

In diesem Kapitel wird ein fiktives, theoretisches Projekt zur Entwicklung eines integrativen Konzepts für ein resilientes Wohnquartier entworfen.

Das dargestellte Diagramm in Abb. 4.1 verdeutlicht, dass Resilienzstrategien grundsätzlich auf unterschiedlichen Ebenen und in verschiedenen Anwendungsfällen relevant sind. Sie können sowohl im Bestand (zum Beispiel Sanierung bestehender Wohnquartiere oder Weiterentwicklung von Mischgebieten) als auch im Neubau (Wohn-, Gewerbe- oder Mischquartiere) zum Tragen kommen. Ebenso ist eine Differenzierung nach Maßstabsebenen möglich – von der gesamtstädtischen Strategie über die Quartiersentwicklung bis hin zu einzelnen Gebäuden. Für die vorliegende Arbeit wurde bewusst der Anwendungsfall Neubauquartier mit Nutzungsmix auf Quartiersebene gewählt, da hier die Wechselwirkungen zwischen ökologischen, baulichen und sozialen Faktoren besonders deutlich werden und sich ein integratives Resilienzkonzept exemplarisch entwickeln lässt.

Ziel ist es, unter realistischen Annahmen und auf Grundlage wissenschaftlicher Erkenntnisse ein Modellquartier zu konzipieren, das sowohl den klimatischen, ökologischen, sozialen als auch technischen Anforderungen einer zukunftsfähigen Stadtentwicklung gerecht wird. Dabei werden die relevanten Rahmenbedingungen, die Ausgangslage des gewählten Standorts, konkrete Maßnahmen in unterschiedlichen Handlungsfeldern sowie ein übergreifendes Prozessmodell systematisch dargestellt.

Das in diesem Kapitel beschriebene Quartier ist kein eigenständiges Planungsprojekt, sondern ein methodisches Hilfsmittel. Es dient dazu, die zuvor erarbeiteten Erkenntnisse (Kap. 2 und 3) in einem räumlichen-konkreten Kontext zu verorten und die Ableitung eines integrativen Resilienzkonzepts nachvollziehbar zu machen. Das Konzept selbst ist somit allgemeingültig angelegt, während das fiktive Quartier lediglich als exemplarischer

M. Höfling, *Resilienz in der Baubranche*, Entwicklung neuer Ansätze zum nachhaltigen Planen und Bauen, https://doi.org/10.1007/978-3-658-51581-2_4

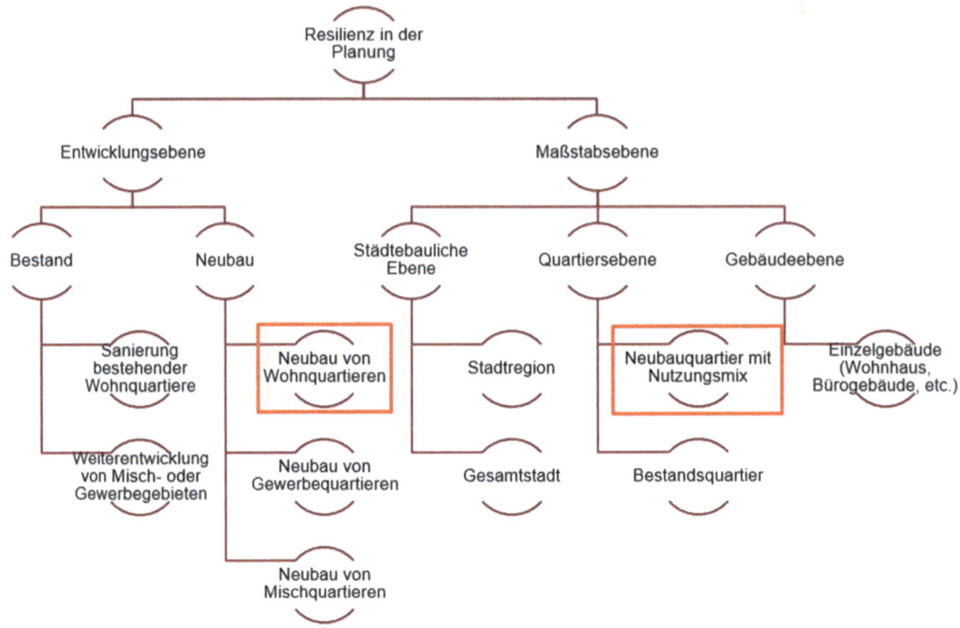

Abb. 4.1 Einordnung möglicher Anwendungsfälle von Resilienzstrategien nach Entwicklungsebene und Maßstabsebene. (Eigene Darstellung)

Bezugsrahmen für die Darstellung und Systematisierung der Maßnahmen fungiert. Insofern handelt es sich um eine parallele Verknüpfung des fiktiven Quartiers mit dem Konzept. Die Erkenntnisse aus der Analyse werden konzeptionell aufbereitet und zugleich beispielhaft in einem fiktiven Szenario veranschaulicht.

Die Entscheidung, das Konzept anhand eines fiktiven Quartiers zu entwickeln, basiert auf dem Anspruch, möglichst realitätsnahe, aber methodisch offene Rahmenbedingungen zu schaffen. Im Gegensatz zu einer rein abstrakten Konzeption erlaubt das fiktive Projekt, städtebauliche, klimatische und soziale Ausgangsbedingungen konkret zu benennen und die Resilienzmaßnahmen darauf aufzubauen. Ein alternativer Weg wäre es gewesen, zunächst ein allgemeines Konzept zu formulieren und dieses anschließend an einem Beispielquartier zu erproben. Der hier gewählte Ansatz hat den Vorteil, dass Maßnahmen, Prozessschritte und Rollen verschiedener Akteure unmittelbar im konkreten räumlichen Kontext entwickelt werden können. Zugleich bleibt das hier entworfene Quartierskonzept vollständig hypothetisch. Es verdeutlicht, wie ein Wohnquartier in der Theorie so gestaltet werden kann, dass es den Folgen des Klimawandels standhält und gleichzeitig eine hohe Lebensqualität bietet.

4.1 Rahmenbedingungen des Projekts

Für die Entwicklung des fiktiven Quartiers werden exemplarische klimatische Ausgangsbedingungen der Stadt Hannover herangezogen. Modellierungen prognostizieren dort bis zum Ende des Jahrhunderts eine deutliche Zunahme von Sommertagen, Hitzetagen und Tropennächten, die besonders stark verdichtete Quartiere belasten. Vulnerable Gruppen wie ältere oder geschwächte Menschen (vor allem Kinder und gesundheitlich vorbelastete Personen) sind in besonderem Maße anfällig für Hitzestress [1].

Abb. 4.2 zeigt die erwartete Entwicklung dieser Ereignisse in den nächsten Jahrzehnten und verdeutlicht die Notwendigkeit, Strategien zur Resilienz insbesondere für hoch versiegelte Stadtbereiche frühzeitig einzuplanen.

Dabei wird deutlich, dass sich die Zahl der Sommertage bis zum Ende des Jahrhunderts nahezu verdoppelt, während die Häufigkeit von Hitzetagen und Tropennächten noch stärker zunimmt. Diese Projektionen unterstreichen die Notwendigkeit, Resilienzstrategien insbesondere für stark versiegelte Quartiere zu entwickeln, um negative Auswirkungen auf Gesundheit, Lebensqualität und städtische Infrastrukturen zu minimieren [1].

Neben den klimatischen Prognosen bilden politische und gesetzliche Rahmenwerke den strategischen Rahmen. Mit der Deutschen Anpassungsstrategie an den Klimawandel oder kommunalen Klimaanpassungsplänen liegt der Fokus auf der Reduzierung von Verwundbarkeit und der Stärkung der Anpassungsfähigkeit städtischer Systeme [2]. Ergänzend liefern internationale Zielsetzungen wie die SDGs [3] sowie Zertifizierungssysteme wie die DGNB [4] einen Handlungsrahmen, wie Resilienz in Quartiersplanungen berücksichtigt werden kann.

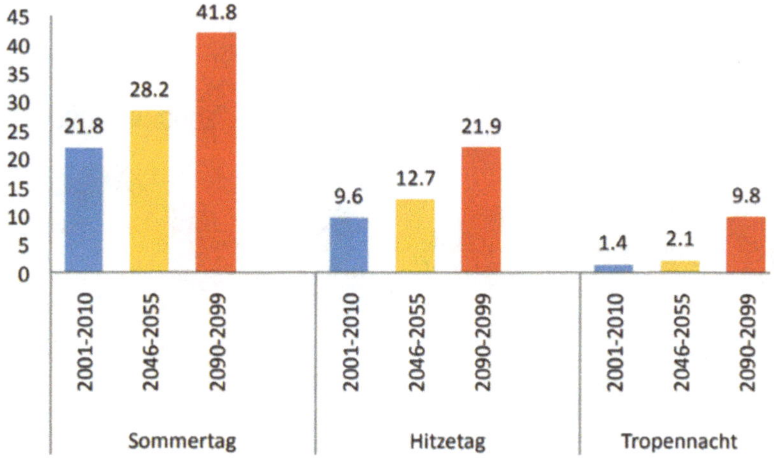

Abb. 4.2 Entwicklung der mittleren jährlichen Häufigkeit ausgewählter klimatischer Ereignisse (Sommertage, Hitzetage, Tropennächte) in der Innenstadt Hannovers für die Zeiträume 2001–2010, 2046–2055 und 2090–2099 [1]

Das fiktive Quartier bewegt sich somit in einem methodischen Rahmen, der auf klimatischen Prognosen, rechtlichen Vorgaben und planerischen Standards basiert. Diese Annahmen bilden die Grundlage, um im weiteren Verlauf resilienzfördernde Maßnahmen systematisch abzuleiten und in ein integratives Gesamtkonzept zu überführen [5].

4.2 Standortanalyse und Ausgangslage

Für die Entwicklung eines resilienten Wohnquartiers ist eine fundierte Standortanalyse essenziell. Diese schafft die Grundlage, um klimatische, städtebauliche, ökologische und soziale Einflussfaktoren zu erkennen, Risiken zu bewerten und Potenziale gezielt zu nutzen [6].

Mitteleuropäische Städte stehen zunehmend unter dem Einfluss des Klimawandels. Prognosen zeigen, dass sowohl die Häufigkeit von Hitzetagen und Tropennächten deutlich steigen wird, wie auch sommerliche Trockenperioden und Starkregenereignisse [1].

Wärmebelastungskarten machen deutlich, dass dicht bebaute, stark versiegelte Innenstadtbereiche am stärksten von sommerlicher Wärmebelastung betroffen sind [1]. Für das fiktive Quartier wäre die Anfertigung solcher Karten ein unverzichtbarer Schritt, um die lokalen Belastungen präzise zu erfassen und gezielt planerische Maßnahmen abzuleiten. Die hier dargestellten Prognosen können insofern als beispielhafte Grundlage verstanden werden, die methodisch auf das Quartier übertragen werden muss.

Abb. 4.3 zeigt die Entwicklung der sommerlichen Wärmebelastung in Städten. Dargestellt ist die durchschnittliche Anzahl der Tage mit starker Wärmebelastung. Auf den Abbildungen besonders deutlich wird der Zusammenhang zwischen Bebauungsstruktur, Versiegelungsgrad und Wärmebelastung, wobei dichte Innenstädte besonders betroffen sind, während große Grün- und Freiflächen kühlere Zonen bilden. Für die mittelfristige

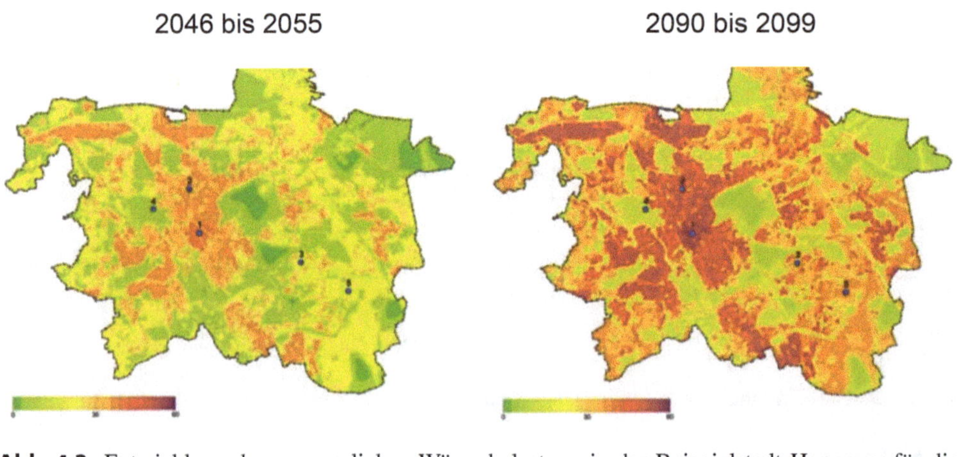

Abb. 4.3 Entwicklung der sommerlichen Wärmebelastung in der Beispielstadt Hannover für die Zeiträume 2046–2055 und 2090–2099 [1]

Projektion (2046–2055) zeigen sich stark belastete Zonen, vor allem in hoch verdichteten Quartieren. Die langfristige Projektion (2090–2099) weist eine flächendeckend hohe Wärmebelastung auf, mit nur wenigen kühl bleibenden Bereichen [1].

Für das fiktive Quartier bedeutet dies, dass vergleichbare Rahmenbedingungen erhebliche planerische Herausforderung darstellen würden. Um den prognostizierten Belastungen zu begegnen, sind gezielte Maßnahmen wie Entsiegelung, Verschattung, Begrünung und die Sicherung von Frischluftschneisen bereits in der Planungsphase zu berücksichtigen. [7, 8] Diese Ansätze sind nicht nur aus stadtklimatischer Sicht erforderlich, sondern tragen auch wesentlich zur Steigerung der Aufenthaltsqualität und zur Reduzierung gesundheitlicher Risiken bei.

Neben der Wärmebelastung sollten auch andere standortrelevante Aspekte in die Analyse einfließen:

- Windverhältnisse: Analyse lokaler Windkarten und Frischluftströme, um Ventilationspotenziale optimal zu nutzen [1]
- Bodenbeschaffenheit: Durchführung von Bodenuntersuchung zur Ermittlung der Versickerungsfähigkeit, möglicher Altlasten und der Tragfähigkeit [4]
- Flächenpotenziale: Erfassung und Bewertung unbebauter oder ungenutzer Flächen für Begrünung, Regenwassermanagement und gemeinschaftlicher Nutzung [9]

Diese Erkenntnisse verdeutlichen, dass Resilienzmaßnahmen vor allem auf die Reduzierung von Wärmeinseln und die Schaffung klimaaktiver Flächen abzielen müssen. Darauf aufbauend dient die Standortanalyse als Grundlage für die in Abschn. 4.3 dargestellten resilienzfördernden Maßnahmen, die aus den hier beschriebenen klimatischen, städtebaulichen, ökologischen und sozialen Rahmenbedingungen abgeleitet werden.

4.3 Konzeption resilienzfördernder Maßnahmen

Während Kap. 3 bestehende Erkenntnisse, Regularien und Fallbeispiele zusammengefasst hat, erfolgt im Folgenden die systematische Ableitung eines integrativen Maßnahmenkatalogs. Ziel ist es, die aus der Analyse gewonnenen Ansätze methodisch zu ordnen und auf Quartiersebene übertragbar zu machen. Die Maßnahmen werden dabei entlang zentrale Resilienzdimensionen strukturiert. Dadurch entsteht nicht lediglich eine Sammlung erprobter Ansätze, sondern ein konzeptioneller Rahmen für ein resilientes Quartier.

Die Konzeption resilienzfördernder Maßnahmen für das fiktive Quartier basiert auf den in der Standortanalyse ermittelten Rahmenbedingungen. Ziel ist es, die Widerstandsfähigkeit des Quartiers gegenüber den Folgen des Klimawandels zu erhöhen, die Anpassungsfähigkeit zu stärken und gleichzeitig die Lebensqualität der Bewohner zu sichern. Die nachfolgenden Maßnahmen sind thematisch gegliedert und beziehen sich auf vier zentrale Handlungsfelder, ergänzt durch übergreifende Ansätze, die mehrere Bereiche gleichzeitig adressieren.

Städtebauliche und architektonische Maßnahmen

Die Auswertung des Forschungsstands hat gezeigt, dass insbesondere die Reduktion von Versiegelung und die Sicherung von Frischluftschneisen zentrale Resilienzstrategien darstellen (vgl. Abschn. 3.1). Aufbauend auf diesen Erkenntnissen sollten städtebauliche Strukturen so gestaltet werden, dass sie klima- und sozialverträgliche Lebensräume schaffen.

Für das fiktive Quartier empfiehlt sich eine durchmischte, aufgelockerte Struktur mit einer Kombination aus Wohn-, Arbeits-, Bildungs- und Freizeitnutzungen. Das Prinzip der *„Stadt der kurzen Wege"* reduziert den Verkehrsaufwand, stärkt lokale Ökonomien und fördert soziale Kontakte. [2, 4] Das Leitbild der *„Stadt der kurzen Wege"*, das seit den 1980er-Jahren als Alternative zur autogerechten Stadt diskutiert wird, erlebt mit dem Konzept der *„15-Minuten-Stadt"* derzeit eine Renaissance. Beide Konzepte verfolgen das Ziel, alltägliche Wege wie Einkäufe, Gesundheitsversorgung oder Schulbesuche fußläufig oder mit dem Rad zu ermöglichen, um lange Autofahrten vermeiden zu können [2].

Architektonisch kann durch die gezielte Ordnung der Gebäude, springende Bauhöhen und die Integration von begrünten Innenhöfen ein besseres Mikroklima geschaffen werden. Gebäude sollten so angeordnet werden, dass sie Frischluftströme nicht blockieren, sondern fördern. [4, 10]

Neben der klimatischen Anpassung spielt auch die soziale Resilienz eine Rolle. Gemeinschaftsflächen wie Quartiersplätze, Spiel- und Begegnungszonen fördern den sozialen Zusammenhalt. Eine flexible Architektur, die modulare Erweiterungen oder Umnutzungen zulässt, ermöglicht es, auf demografische Veränderungen oder neue Bedarfe zu reagieren [5]. Die Einbindung von partizipativen Planungsprozessen in die Gestaltung dieser Flächen erhöht die Akzeptanz und die Identifikation der Bewohner mit ihrem Quartier [4].

Baustoffwahl und konstruktive Ansätze

Wie bereits im Forschungsstand dargestellt, gilt die Materialwahl als wesentlicher Faktor für die bauliche Robustheit und Langlebigkeit (vgl. Abschn. 3.1). So zeigt sich, dass Materialwahl und konstruktive Ausführung einen direkten Einfluss auf Lebensdauer, Energieeffizienz und Ökobilanz von Gebäuden haben. Konventionelle Baustoffe sind oft energieintensiv in der Herstellung und können gesundheits- oder umweltgefährdende Substanzen enthalten. Eine bewusste Baustoffwahl ist daher ein zentraler Baustein eines resilienten Quartiers. [2, 9, 11]

Für das fiktive Quartier wird der Einsatz nachhaltiger und langlebiger Materialien empfohlen, die möglichst regional verfügbar sind [9]. Holz aus zertifizierter Forstwirtschaft, Recyclingbeton oder Mauerwerk aus recycelten Baustoffen reduzieren den ökologischen Fußabdruck. Schadstoffarme Innenausbaumaterialien und emissionsarme Anstriche, Klebstoffe und Lacke verbessern die Innenraumluftqualität und tragen zur Gesundheit der Bewohner bei [12].

Konstruktiv sollten Gebäude so geplant werden, dass sie energieeffizient und wartungsfreundlich sind. Passiv-solare Bauweisen, Verschattungselemente, wie Vordächer, Lamellen oder Jalousien sowie natürliche Belüftungssysteme reduzieren den Energieverbrauch für Heizung und Kühlung und schützen gleichzeitig vor sommerlichem Hitzestress. [2, 8, 13]

Ergänzend können natürliche Baustoffe wie Ziegel oder Kalkstein als Hitzepuffer wirken, während helle Fassadenfarben Sonnenstrahlung reflektieren und dadurch die Aufheizung verringern. Auch die Fensterplanung spielt eine wichtige Rolle: Größe, Lage und Ausrichtung sollten in Kombination mit Verschattungselementen sorgfältig abgestimmt werden, um ein ausgewogenes Verhältnis von Tageslicht und Hitzeschutz erreichen zu können. Von außenliegenden Verschattungsmaßnahmen wie Rollläden, Markisen oder Jalousien, bis hin zu Sonnenschutzglas oder -folien sowie innenliegende Systeme, die die Wärmeeinstrahlung zumindest um bis zu 30 % reduzieren können [8]. Modular aufgebaute Konstruktionen erleichtern spätere Anpassungen und Rückbauprozesse, wodurch Ressourcen geschont und die Anpassungsfähigkeit des Quartiers erhöht werden [4].

Beispielhaft werden nun konkrete Vorgaben für das fiktive Quartier definiert, die eine hohe Widerstandsfähigkeit gegenüber klimatischen Belastungen gewährleisten.

Optimale Bauweise im Quartier:

- Fassaden: Vormauerung aus Klinker oder Klinkerriemchen, alternativ mineralische Putze mit erhöhter Schlagregendichte. Diese sind extrem witterungsbeständig, hitzeresilient und reduzieren Wartungsintervalle [8].
- Dachaufbau: Flachdächer mit zweischaliger Abdichtung, wurzelfester Trennlage und Begrünung. Die Begrünung übernimmt Kühlung, Regenwasserrückhaltung und verlängert die Lebensdauer der Dachhaut [14]. Diese maßnahmen verbessern das Mikroklima [8].
- Fenster und Verschattung: Holz-Aluminium-Fenster mit Dreifachverglasung und außenliegendem Sonnenschutz, die sommerlichen Wärmeschutz sichern und gleichzeitig energieeffizient sind. Außerdem zeichnen sich diese Fenster durch ihre Robustheit und Langlebigkeit aus [15]. Vermeidung von Oberlichtern und Dachfenster aufgrund der Anfälligkeit bei Starkregenereignissen [8].
- Tragwerk: Betonkerne in Kombination mit Hybridbauweisen (Holz-Beton-Verbund) zur Erhöhung der Tragfähigkeit und gleichzeitiger Reduzierung grauer Energie.
- Innenausbau: Verwendung schadstoffarmer Materialien (beispielsweise Gipsfaserplatten statt Gipskarton, Verzicht auf PVC). [12, 16]
- Fassade und Oberfläche: Helle Fassade (Albedo-Effekt) und Dachoberflächen, die die solare Aufheizung minimieren und somit einen Beitrag zum sommerlichen Wärmeschutz leisten [8].

Durch diese konkrete Bauweise werden die Gebäude nicht nur robust gegen Witterung und Überhitzung, sondern gleichzeitig langlebig und im Betrieb kosteneffizient. Sie stellen damit ein zentrales Element der Resilienzstrategie dar. Gleichzeitig ist kritisch zu reflektieren, dass solche Material- und Konstruktionsvorgaben mit höheren Investitionskosten verbunden sein können und nicht in jedem Projektkontext umsetzbar sind. Zudem hängt die tatsächliche Wirksamkeit dieser Bauweise stark von einer regelmäßigen Pflege und Instandhaltung im Betrieb – etwa die Wartung begrünter Dächer – ab.

Energie- und Wassermanagement

Abschn. 3.2 verdeutlichte, dass rechtliche Rahmenbedingungen und Zertifizierungssysteme Resilienz vor allem über Kriterien wie Versorgungssicherheit und Wassermanagement operationalisieren. Ein robustes Energie- und Wassermanagement ist deshalb entscheidend für die Versorgungssicherheit und die ökologische Resilienz eines Quartiers. Angesichts steigender Energiepreise, knapper werdender Ressourcen und zunehmender Extremwetterereignisse ist die dezentrale Versorgung ein wichtiger Schlüssel zur Unabhängigkeit und Anpassungsfähigkeit [2].

Im Energiebereich sollten Photovoltaik und Solarthermie auf Dachflächen integriert werden, ergänzt durch Speicherlösungen, um die Eigenverbrauchsquote zu erhöhen. Intelligente Steuerungssysteme, sogenannte *„Smart Grids“*, können Energieflüsse innerhalb des Quartiers optimieren und Lastspitzen ausgleichen. [4, 9] Unter *„Smart Grid“* versteht man ein intelligentes Stromnetz, das insbesondere in der Energieversorgung eingesetzt wird und eine flexible Steuerung der Infrastruktur ermöglicht [4].

Das Wassermanagement sollte den Prinzipien der wassersensiblen Stadtentwicklung ausgerichtet sein. Dazu gehören Retentionsflächen, Versickerungsmöglichkeiten, die Nutzung von Regenwasser für Grünflächenbewässerung sowie die Aufbereitung und Nutzung von Grauwasser. [1, 4, 13] Unter Grauwasser versteht man gering verschmutztes Abwasser, das beispielsweise beim Duschen, Baden, Händewaschen oder aus der Waschmaschine anfällt und nach entsprechender Aufbereitung als Brauch- oder Betriebswasser wiederverwendet werden kann. Grauwasser wird unter anderem sowohl für die Grünflächenbewässerung als auch für die WC-Spülung genutzt [4]. Diese Maßnahmen verringern die Abflussmenge bei Starkregen, reduzieren Hochwasserrisiken und stellen eine Notversorgung in Trockenperioden sicher. Darüber hinaus sind diese Maßnahmen messbar und können planerisch festgesetzt werden, indem die zulässige Abflussmenge beispielsweise auf 3 l/(s x ha) begrenzt wird [17]. Ebenso können Festsetzungen getroffen werden, die vorschreiben, dass ein bestimmter Anteil der Grundstücksfläche – beispielsweise 20 % – für blau-grüne Infrastrukturen und damit verbunden zur Regenwasserspeicherung und -versickerung vorzusehen ist. Damit werden explizite Resilienzmaßnahmen quantitativ messbar gemacht.

Integration blau-grüner Infrastruktur

Empirische Leitfäden (vgl. Abschn. 3.1) haben gezeigt, dass Entsiegelung und die Integration von Grün- und Wasserflächen nicht nur ökologische, sondern auch soziale Resilienz stärken. Entsprechend sieht das Konzept vor, mithilfe blau-grüner Infrastruktur Vegetation- und Wasserelemente zu einem multifunktionalen System zu verbinden, das sowohl einen ökologischen als auch einen klimatischen Mehrwert bietet. Maßnahmen wie Dach-

und Fassadenbegrünung, urbane Wälder, Baumalleen, begrünte Innenhöfe und naturnahe Regenwasserbewirtschaftung wirken positiv auf das Mikroklima, die Biodiversität und das Wohlbefinden der Bewohner. [2, 4, 18]

Für das fiktive Quartier sollte ein durchgängiges Grün- und Wassernetz entstehen, das private und öffentliche Flächen verbindet. Gründächer verbessern nicht nur die Wärmedämmung und Regenwasserspeicherung, sondern verlängern auch die Lebensdauer der Dachkonstruktion. [1, 8] Zudem tragen Gründächer zur Förderung der Biodiversität bei, verbessern durch Verdunstungskühlung das Mikroklima im Quartier und bieten Potenzial für die Kombination mit Photovoltaikanlagen. Durch die kühlende Wirkung der Dachbegrünung wird die Effizienz der Solarmodule gesteigert, sodass ökologische und energetische Vorteile optimal miteinander verknüpft werden können [1]. Offen geführte Wasserläufe oder Regenwassermulden tragen ebenfalls zur Verdunstungskühlung bei und erhöhen die Freiraumqualität [11].

Die Integration dieser Elemente hat darüber hinaus eine positive psychologische Komponente: Grün- und Wasserflächen steigern die visuelle Attraktivität des Quartiers, fördern die Erholung und die soziale Interaktion der Bewohner und erhöhen so die Resilienz auch im sozialen Sinne. [8, 9]

Allgemeine Maßnahmen

Neben den spezifischen Handlungsfeldern wurde anhand der in Abschn. 3.3 gezeigten Fallbeispiele deutlich, dass es Maßnahmen gibt, die als Querschnittsstrategien wirken. Dazu gehören Katastrophenvorsorgekonzepte für Extremwetterereignisse, die Entwicklung von Notfallplänen und die Einrichtung redundanter Versorgungsstrukturen. [5, 6, 9]

Ein weiterer zentraler Baustein ist die partizipative Quartiersplanung, die Bewohner von Anfang an einbindet. Dies erhöht die Akzeptanz, die Identifikation mit dem Quartier und die Bereitschaft, gemeinschaftliche Regeln und Pflegekonzepte zu tragen. [4, 5] Ebenso wichtig ist ein kontinuierliches Monitoring, das klimatische, energetische und soziale Entwicklungen erfasst und als Grundlage für die Anpassung von Maßnahmen dient [2].

Die vorgestellten Maßnahmen bilden ein vernetztes Handlungskonzept, das die städtebaulichen, konstruktiven, energetischen und ökologischen Anforderungen an ein klimaresilientes Quartier integriert. Dabei ist es entscheidend, nicht nur einzelne Maßnahmen isoliert zu betrachten, sondern deren Wechselwirkungen zu berücksichtigen. So können zum Beispiel städtebauliche Auflockerungen, begrünte Freiflächen und Regenwassermanagementsysteme gemeinsam zu einer signifikanten Verbesserung des Mikroklimas beitragen, während partizipative Planungsprozesse und Steuerungsmodelle die langfristige Tragfähigkeit der Konzepte sichern.

Die folgende Abb. 4.4 fasst die zentralen Handlungsfelder sowie ihre jeweiligen Unterpunkte übersichtlich zusammen. Sie verdeutlicht, dass die Resilienz eines Quartiers nur durch ein Zusammenspiel verschiedener Maßnahmen auf unterschiedlichen Ebenen erreicht werden kann.

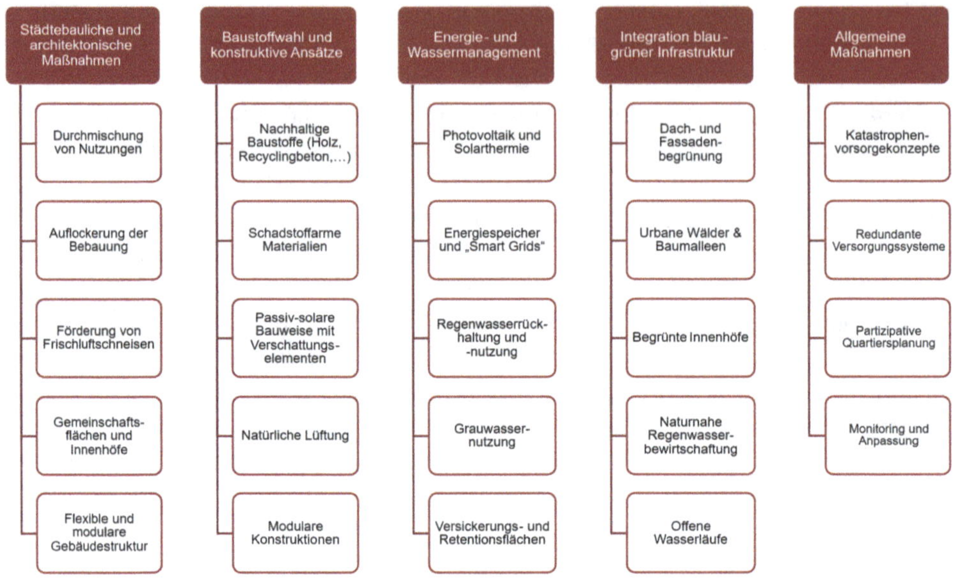

Abb. 4.4 Konzeption resilienzfördernder Maßnahmen. (Eigene Darstellung)

4.4 Einsatz technologischer Innovationen

Technologische Innovationen leisten einen entscheidenden Beitrag zur Steigerung der Resilienz von Wohnquartieren. Sie ermöglichen eine effizientere Nutzung von Ressourcen, erhöhen die Flexibilität und tragen zur Reduzierung von Risiken bei, die durch den Klimawandel und die gesellschaftlichen Veränderungen entstehen. Im fiktiven Quartier soll daher der gezielte Einsatz digitaler Technologien und intelligenter Systeme erfolgen, die auf eine integrative und nachhaltige Stadtentwicklung abzielen. Zwei zentrale Handlungsfelder stehen hierbei im Vordergrund: Smart Building und IoT-basierte Steuerungssysteme sowie nachhaltige Mobilitätskonzepte.

Smart Building und IoT-basierte Steuerungssysteme

Die zunehmende Digitalisierung eröffnet für den Gebäudesektor vielfältige Möglichkeiten, die Energieeffizienz zu steigern, den Komfort für Nutzer zu verbessern und die Resilienz gegenüber äußeren Einflüssen zu erhöhen. Grundlage hierfür ist das sogenannte *„Internet of Things"* [IoT], also die Vernetzung physischer Objekte mit digitalen Plattformen, die es ermöglicht, Daten in Echtzeit zu erfassen, auszuwerten und für automatisierte Steuerungsprozesse nutzbar zu machen [19]. Auf dieser Basis entstehen digitale Netzwerke, in denen Gebäude, Infrastrukturen und Dienstleistungen intelligent miteinander verbunden werden.

Für das fiktive Quartier bedeutet dies, dass Gebäude mit Sensorik und Aktoren ausgestattet werden, die Daten zu Raumklima, Energieverbrauch oder Wetterbedingungen erfassen und automatisch an zentrale Steuerungssysteme weiterleiten. So können Heizungs-, Lüftungs- und Beschattungselemente in Abhängigkeit von Wetterprognosen oder aktuellen Innenraumwerten angepasst werden. Praktische Beispiele sind automatisierte Verschattungselemente oder sogenannte *„Sturm bzw. Sonnenwächter"* [8], die Jalousien oder Markisen in Abhängigkeit von Windstärke und Sonneneinstrahlung steuern, um Schäden zu vermeiden und gleichzeitig den Hitzeschutz zu verbessern [8]. Darüber hinaus können die Daten auch für weitere Zwecke genutzt werden: Sie schaffen Transparenz für die Bewohner, unterstützten die Steuerung von Quartierselementen wie Licht oder Verkehr und liefern wertvolle Informationen für Verwaltung und Forschung. Auf diese Weise entsteht ein Mehrwert, der über die reine Gebäudeautomation hinausgeht und sowohl die städtische Planung als auch wissenschaftlichen Analysen bereichert [4].

Beispielhaft wird nun die Gebäudeautomation konkret für eine optimale Ausstattung im Quartier beschrieben:

- Sensorik: Installation von Temperatur-, CO_2- und Feuchtigkeitssensoren in allen Wohneinheiten sowie in Gemeinschaftsräumen. Ergänzend Helligkeitssensoren an der Fassade zur Erfassung direkter Sonneneinstrahlung. [4, 8]
- Verschattung: Außenliegende, motorisch steuerbare Lamellen oder Jalousien, die automatisch auf Sonnenstand, Außentemperatur und Wetterprognosen reagieren. Bei Hitzeperioden verhindern sie Überhitzung, bei kühlerer Witterung lassen sie passive solare Gewinne zu. [1, 8]
- Heizung: Wärmepumpen und Fernwärmestationen sind mit intelligenten Raumthermostaten gekoppelt. Diese passen die Heizleistung nicht nur an die aktuelle raumtemperatur an, sondern auch an Wetterprognosen an. [4]
- Lüftung: Mechanische Lüftungsanlagen mit Wärmerückgewinnung, die durch Sensoren gesteuert werden. Automatische Anpassung von Luftwechselraten an CO_2- und Feuchtigkeitswerte sorgt für gesundes Raumklima, auch bei geschlossenen Fenstern während Hitzetagen oder Starkregen. [4, 8]
- Zentrale Steuerung: Alle Systeme sind über eine smarte Steuerungstechnik miteinander vernetzt. Wetterprognosen fließen ein, sodass Systeme präventiv und smart reagieren können.

Durch diese Kombination aus Sensorik und automatisierter Steuerung wird das Risiko von Hitzebelastungen, Schimmelbildung und schlechter Raumluftqualität deutlich reduziert. Bewohner profitieren von Komfort und Gesundheitsschutz, während das Quartier als Ganzes robuster gegenüber klimatischen Extremen wird. Auch hier ist allerdings kritisch zu betrachten, dass diese Maßnahmen mit höheren Investitions- und Wartungskosten verbunden sind und ihre Wirksamkeit stark von der Nutzerakzeptanz und technischen

Zuverlässigkeit abhängt, wenngleich sie auf langfristige Sicht auch zu Kosteneinsparungen führen können. Ohne eine regelmäßige Wartung oder bei unzureichender Bedienung durch die Bewohner kann der Resilienzgewinn deutlich geringer ausfallen.

Ein weiterer Schwerpunkt liegt auf der Integration digitaler Plattformen, die nicht nur Gebäudesteuerungen vernetzen, sondern auch Bereiche wie Mobilität, Handel und Verwaltung einschließen. Bürger können darüber ihren Alltag organisieren, etwa durch digitale Tickets, Sharing-Angebote oder Online-Buchungen, die den Ressourcenverbrauch senken und Abläufe effizienter machen [11]. Die Verknüpfung solcher Dienste schafft ein umfassendes digitales Ökosystem, das auch die Steuerung von Verkehrsflüssen und logistischen Prozessen einschließt und so zur übergeordneten Resilienz beiträgt.

Darüber hinaus gewinnen Monitoring- und Bilanzierungssysteme zunehmend an Bedeutung. Standardisierte, GIS-gestützte [Geographic Information System] Anwendungen ermöglichen es, Energieverbräuche, Emissionen und Potenziale für erneuerbare Energien transparent darzustellen. Ergänzend können Szenarien für die lokale Energiewende entwickelt und Fortschritte durch ein kontinuierliches Monitoring nachvollzogen werden. Dadurch wird nicht nur die Steuerung auf Fachebene verbessert, sondern auch die Kommunikation mit der Bevölkerung erleichtert, da komplexe Sachverhalte visuell zugänglich vermittelt werden können [19].

Neben Effizienz- und Monitoringfunktionen spielt die Sicherheit eine wichtige Rolle. Digitale Warnsysteme wie die Warn-App *„NINA“* oder die WarnWetter-App des Deutschen Wetterdienstes informieren die Bevölkerung in Echtzeit über Gefahrenlage wie Unwetter, Hochwasser oder Hitzewellen und geben konkrete Handlungsempfehlungen. Ergänzend können Instrumente wie der Hochwasserpass helfen, das individuelle Risiko eines Gebäudes zu bewerten und geeignete Anpassungs- und Vorsorgemaßnahmen zu planen [8].

Zusammenfassend lässt sich festhalten, dass Smart-Building und IoT-Technologien im fiktiven Quartier nicht nur zur Effizienzsteigerung und Betriebssicherheit beitragen, sondern auch die Klimaanpassungsfähigkeit erhöhen, Risiken frühzeitig zu erkennen und die Bewohner aktiv in die Resilienzstrategie mit einbinden.

Nachhaltige Mobilitätskonzepte

Der Verkehrssektor stellt in Deutschland nach wie vor eine der größten Herausforderungen für den Klimaschutz dar. Trotz technischer Fortschritte bei Antriebstechnologien und Abgasreinigung sind die CO_2-Emissionen im Verkehr seit 1990 nicht zurückgegangen. Im Gegenteil, Effizienzgewinne wurden durch den Trend zu größeren und schwereren Fahrzeugen teilweise wieder aufgehoben, während gleichzeitig die Verkehrsleistung ebenfalls weiter zunimmt [2]. Damit bleibt der Verkehr einer der Sektoren, in dem die gesetzten Klimaziele bislang deutlich verfehlt werden.

Umso wichtiger ist es, nachhaltige Mobilitätskonzepte konsequent in die Quartiersentwicklung zu integrieren. Mobilität im Quartierskontext ist stets durch das Zusammenspiel von Fuß- und Radverkehr, öffentlichem Personennahverkehr und motorisiertem Individualverkehr geprägt. Eine gute innere und äußere Erschließung sowie die Berücksichtigung unterschiedlicher Nutzerbedürfnisse gelten dabei als Voraussetzung, um eine aktive und sichere Mobilität zu gewährleisten. Ein zentrales planerisches Leitbild ist dabei die *„Stadt der kurzen Wege"* oder die *„15-Minuten-Stadt"*, in der die alltäglichen Wege wie Einkaufen, Kita und Schule oder Arztbesuche fußläufig oder mit dem Rad erreichbar sind. Dieses Konzept reduziert die Abhängigkeit vom motorisierten Individualverkehr und steigert zugleich die Lebensqualität durch weniger Lärm, Luftverschmutzung und Flächenversiegelung. [2, 18, 20]

Technologische Innovationen eröffnen zusätzliche neue Möglichkeiten für eine klimafreundliche Mobilität. Die Elektromobilität ist dabei ein zentraler Treiber, da sie lokale Schadstoffemissionen verringert und im Zusammenspiel mit erneuerbaren Energien zu einer deutlichen Reduktion der Treibhausgase beitragen kann. Voraussetzung ist allerdings die Elektrifizierung der Fahrzeuge mit regenerativ erzeugtem Strom sowie eine Veränderung der individuellen Denkweise im Umgang mit Mobilität, da sich Lade- und Nutzungsverhalten grundlegend vom konventionellen Tanken unterscheiden [2].

Neben der Elektrifizierung sind multimodale und geteilte Mobilitätsformen ein weiterer wichtiger Baustein. Sharing-Systeme für Fahrräder, E-Scooter und Autos werden zunehmend in digitale Plattformen integriert und bieten den Quartiersbewohnern flexible Alternativen zum eigenen Pkw. So führt die Reduzierung des motorisierten Individualverkehrs in Kombination mit einem Ausbau des öffentlichen Nahverkehrs und alternativen Fortbewegungsmitteln wie E-Bikes oder Lastenrädern nicht nur zu geringeren Emissionen. Ehemals für Parkplätze oder Fahrbahnen genutzte Flächen können zusätzlich in Grün- und Aufenthaltsräume umgewandelt werden, wodurch die Aufenthaltsqualität steigt. Ergänzt durch digitale Schnittstellen für Buchung, Routenführung und Abrechnung entsteht ein intermodales System, das eine höhere Flexibilität bietet als eine ausschließlich für ein Verkehrsmittel ausgerichtete Infrastruktur. Auch im Bereich des Lieferverkehrs eröffnen digitale Steuerungen neue Möglichkeiten, indem durch datenbasierte Routenplanung und dezentrale Umschlagplätze sowohl Emissionen als auch Flächenverbrauch reduziert werden. Gleichzeitig werden Sharing-Systeme durch digitale Plattformen vielseitiger und effizienter nutzbar, sodass sie zu einem festen Bestandteil urbaner Mobilitätskonzepte entwickeln [11].

Auch die Anpassung der Verkehrsinfrastruktur an den Klimawandel ist entscheidend. Starke Hitzeperioden können Straßenbeläge und Schienenanlagen beschädigen, während Starkregen die Standfestigkeit von Verkehrswegen gefährden kann. Anpassungsmaßnahmen reichen von der Beschattung von Haltestellen und Parkflächen über hellere Straßenoberflächen zur Reduzierung der Aufheizung bis hin zur Anpassung von Entwässerungssystemen bei Extremwetterereignissen [13]. Damit wird die Funktionsfähigkeit des Verkehrssystems auch unter veränderten klimatischen Bedingungen gewährleistet.

Zusammenfassend lässt sich festhalten, dass nachhaltige Mobilitätskonzepte im Quartier nur durch eine Kombination verschiedener Ansätze wirksam sind: Verkehrsvermeidung durch kompakte Strukturen, Verlagerung auf den Umweltverbund, Elektrifizierung der verbleibenden Fahrten und eine klimafeste Infrastruktur. Eine tragende Rolle spielt dabei ein leistungsfähiger und zugleich finanzierbarer öffentlicher

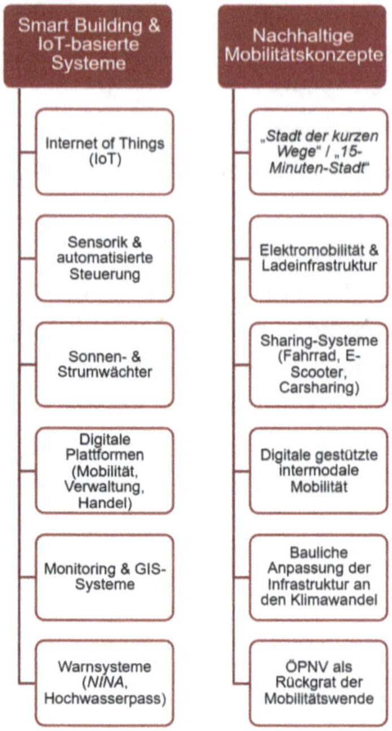

Abb. 4.5 Smart Building, IoT-basierte Systeme und nachhaltige Mobilitätskonzepte für das resiliente Quartier. (Eigene Darstellung)

Personennahverkehr, der durch Angebote wie Busse, Stadtbahnen oder Regionalzüge den Rückhalt des gesamten Systems bildet und eine verlässliche, sozial gerechte Grundversorgung sichert. Ergänzt durch digitale Technologien und Sharing-Systeme entsteht so ein robustes, zukunftsfähiges Mobilitätssystem, das sowohl zum Klimaschutz als auch zur Anpassungsfähigkeit beiträgt [20].

Abb. 4.5 veranschaulicht die technologischen Innovationen, die in den Bereichen Smart Building, IoT-basierte Systeme und nachhaltige Mobilitätskonzepte für das resiliente Quartier zum Einsatz kommen.

4.5 Sozioökonomische Faktoren der Resilienz

Neben baulichen, technischen und ökologischen Maßnahmen spielen auch soziale und ökonomische Aspekte eine zentrale Rolle bei der Entwicklung eines resilienten Quartiers. Resilienz entsteht nicht nur allein durch Infrastrukturen oder Materialien, sondern ebenso durch das soziale Miteinander, die Handlungsfähigkeit der Bewohnerschaft sowie die langfristige Tragfähigkeit und Finanzierbarkeit der getroffenen Maßnahmen. Gemeinschaftsfördernde Elemente können dazu beitragen, das soziale Kapital eines Quartiers zu stärken und die Anpassungsfähigkeit der Bevölkerung im Krisenfall zu erhöhen. Gleichzeitig müssen Fragen der Wirtschaftlichkeit und Finanzierung berücksichtigt werden, um sicherzustellen, dass Maßnahmen dauerhaft umsetzbar sind und nicht an fehlenden Ressourcen scheitern. Somit ergänzen ökonomische Faktoren die technischen und ökologischen Dimensionen und tragen entscheidend zur ganzheitlichen Widerstandsfähigkeit urbaner Quartiere bei. [5, 13]

Gemeinschaftsfördernde Elemente

Die Stärkung der Gemeinschaftsresilienz gilt als ein wesentlicher Bestandteil der Quartiersentwicklung, da sie den sozialen Zusammenhalt fördert und die Fähigkeit der Bewohner stärkt, auf Krisen und Katastrophen angemessen zu reagieren. Durch gemeinschaftliche Strukturen können nicht nur alltägliche Herausforderungen besser bewältigt werden, sondern auch außergewöhnliche Krisen resilienter gemeistert werden [9]. Neben baulichen und technischen Maßnahmen gewinnen daher soziale Strukturen und zivilgesellschaftliches Engagement an Bedeutung, da ohne ihre Akzeptanz und aktive Anwendung viele Anpassungsstrategien langfristig nicht wirksam umgesetzt werden können [5].

Ein zentrales Instrument stellen Nachbarschaftsnetzwerke dar. Sie fördern Vertrauen, gegenseitige Unterstützung und Solidarität innerhalb der Quartiere. Durch die Bildung von Gruppen, die sich regelmäßig austauschen, Notfallpläne erarbeiten und Ressourcen teilen, können konkrete Strukturen geschaffen werden, die im Katastrophenfall eine schnelle und koordinierte Reaktion ermöglichen. Hierbei kommt auch die Einrichtung von Kommunikationsnetzwerken, beispielsweise über digitale Plattformen, eine wichtige Rolle zu. Ergänzend dazu können Gemeinschaftszentren als zentrale Orte für Begegnung, Schulung und Krisenunterstützung fungieren [9].

Darüber hinaus tragen innovative Ansätze wie *„Urban Games"* oder spielerische Elemente im Stadtraum dazu bei, dass die Stadt nicht nur als Ort des Konsums, sondern auch als Raum der Interaktion wahrgenommen wird. Durch digitale Spielelemente oder multifunktionales Stadtmobiliar entstehen neue Begegnungsräume, die generationenübergreifende Teilhabe, Austausch und Bewegung fördern [11]. Eine solche Kombination von Arbeits- und Lebenswelten kann die urbane Lebensqualität auf nachbarschaftlicher Ebene deutlich steigern [11].

Ein weiterer wichtiger Aspekt ist die aktive Einbeziehung der Bevölkerung in Entscheidungsprozesse. Bürgerworkshops, Informationsveranstaltungen oder Beteiligungsformate tragen nicht nur zur Bewusstseinsbildung bei, sondern erhöhen auch die Akzeptanz von Maßnahmen und fördern das soziale Kapital. In diesem Zusammenhang gilt eine breite Partizipation als entscheidender Faktor, um innovative Lösungswege zu identifizieren und ein kollektives Mindset der Resilienz zu entwickeln, das auf Eigenverantwortung und Mitgestaltung basiert [21].

Nicht zuletzt zeigt sich, dass die Stärkung der Gemeinschaftsresilienz immer in einem Spannungsfeld zwischen staatlicher Daseinsvorsorge und zivilgesellschaftlicher Eigeninitiative stattfindet. Während im Krisenfall staatliche Institutionen und Katastrophenschutzorganisationen handlungseinleitend sind, kommt im Bereich der Vorsorge und Alltagsgestaltung den Bürgern eine tragende Rolle zu. Eigenvorsorge, ehrenamtliches Engagement und die Integration bestehender sozialer Netzwerke schaffen zusätzliche Handlungsspielräume, die für die langfristige Resilienz urbaner Quartiere unverzichtbar sind [22].

Wirtschaftlichkeit und Finanzierungsoptionen

Die Umsetzung von Maßnahmen zur Klimaanpassung und Resilienz in Quartieren ist nicht nur eine technische und planerische Herausforderung, sondern auch eng mit Fragen der Finanzierbarkeit verknüpft. Damit Konzepte langfristig ihre Wirkung entfalten, müssen ökonomische Aspekte von Beginn an in die Planung einbezogen werden. Besonders wichtig ist es, Investitionen so zu gestalten, dass sie sowohl individuelle Vorteile für Eigentümer und Bewohner als auch gesellschaftliche Mehrwerte für Klima- und Umweltschutz generieren.

Frühzeitig eingeplante Klimaanpassungsmaßnahmen sind wirtschaftlich sinnvoller als nachträgliche Anpassungen. Maßnahmen wie Dachbegrünungen, Retentionsflächen oder verschattete Freiräume verursachen zwar zunächst zusätzliche Investitionskosten, entfalten ihren Nutzen jedoch häufig erst mittel- bis langfristig, etwa durch geringere Betriebskosten, die Vermeidung von Klimafolgeschäden oder eine höhere Aufenthaltsqualität. Wirtschaftlichkeit stellt damit einen übergeordneten Parameter dar, anhand dessen die Gesamtstrategie eines Quartiers überprüft werden kann. Diese Betrachtung kann erst durchgeführt werden, wenn tatsächlich alle Maßnahmen feststehen und konkrete Kostenberechnungen vorliegen.

Für eine systematische Prüfung bietet sich ein mehrstufiges Vorgehen an:

- Investitionskosten: einmalige Aufwendungen für Planung, Bau und Installation
- Betriebs- und Wartungskosten: laufende Kosten für Pflege und Instandhaltung
- Folgekosten bei Unterlassung: Schäden und Reparaturen infolge von Extremwetter oder Überlastung bestehender Systeme.
- Langfristige Einsparungen und Nutzen: Reduktion von Energiekosten, vermiedene Infrastrukturausgaben, gesundheitliche Vorteile sowie Steigerung der Wohn- und Standortqualität
  (für die gesamte Auflistung: orientiert an [14])

Das hier vorgeschlagene mehrstufige Verfahren zur Bewertung der Wirtschaftlichkeit orientiert sich methodisch an der Logik des SNAP-Leitfadens (Systematik für Nachhaltigkeitsanforderungen in Planungswettbewerben) des Bundesinstitut für Bau-, Stadt- und Raumforschung. Dieses sieht ebenfalls vor, Investitions-, Betriebs- und Folgekosten sowie langfristige Nutzenpotenziale in einem strukturierten Bewertungsprozess zusammenzuführen [14].

Zur Veranschaulichung wird beispielhaft eine Einzelmaßnahme betrachtet: Der Vergleich zwischen dem konventionellen Baumgießen und dem Einsatz von Baumrigolen (Abb. 4.6), welche die Klimaresilienz durch ihre Speicherfähigkeit von Regenwasser erhöhen.

Während beim herkömmlichen Gießen keinerlei Speichermöglichkeiten im Boden bestehen und über die Jahre hinweg erhebliche Personal-, Fahrzeug- und Wasserkosten anfallen, ermöglicht die Baumrigole durch ihre unterirdischen Speicherkammer eine effiziente Nutzung von Regenwasser und reduziert damit den laufenden Aufwand deutlich. Da-

Abb. 4.6 Baumrigole als beispielhafte Einzelmaßnahme im Quartier [23]

rüber hinaus leisten Baumrigolen einen direkten Beitrag zur Resilienzsteigerung im Quartier: Sie entlasten die Kanalisation bei Starkregen, stellen den Bäumen auch in Trockenperioden ausreichend Wasser zur Verfügung und stabilisieren damit das Mikroklima sowie die langfristige Vegetationsentwicklung. Dieses Rigolen-System spielt eine wichtige Rolle für das Schwammstadt-Prinzip [23]. Die Kostenanalyse über einen Zeitraum von 30 Jahren macht deutlich, dass die höheren Anfangsinvestitionen durch eingesparte Betriebskosten sowie vermiedene Kanalbaukosten langfristig kompensiert werden können. Die detaillierte Berechnung einschließlich der zugrunde liegenden Annahmen ist im Anhang 4 dokumentiert. Hierbei wurden lediglich die regulären Wartungskosten berücksichtigt, nicht jedoch potenzielle Reparaturkosten infolge von Extremwetterereignissen, da diese finanziell nur schwer kalkulierbar sind.

Die Auswertung der Kostenanalyse über 30 Jahre (Abb. 4.7) zeigt, dass das konventionelle Baumgießen Gesamtkosten von rund 6.100 € pro Baum verursacht. Eine Baumrigole erfordert zwar zunächst höhere Investitionskosten und kommt inklusive Wartung auf etwa 7.500 €, doch durch die Einsparung bei der Dimensionierung der Regenwasserkanalisation reduzieren sich die effektiven Gesamtkosten auf rund 3.360 €. Damit erweist sich die Baumrigole langfristig als deutlich günstiger. Neben dem rein finanziellen Vorteil stärkt diese Maßnahme zugleich die Resilienz des Quartiers: Die dezentrale Rückhaltung und Speicherung von Regenwasser entlastet die Kanalisation, mindert Überflutungsrisiken und verbessert die Wasserversorgung der Bäume. Dadurch erhöht sich deren Vitalität und Lebensdauer, was wiederum das Mikroklima stabilisiert, Hitzebelastungen reduziert und die Aufenthaltsqualität im Quartier steigert. Dieses Zusammenspiel von ökonomischem Nutzen und ökologisch-sozialem Mehrwert verdeutlicht die „Win-Win"-Situation resilienter Infrastrukturlösungen.

Dass klimaangepasste Einzelmaßnahmen nicht zwingend höhere Kosten verursachen, zeigt auch das Praxisbeispiel des Quartiers *Herzkamp* eindrücklich. Dort konnten durch ein Regenwasserkonzept rund 174.000 € Investitionskosten realisiert werden, während

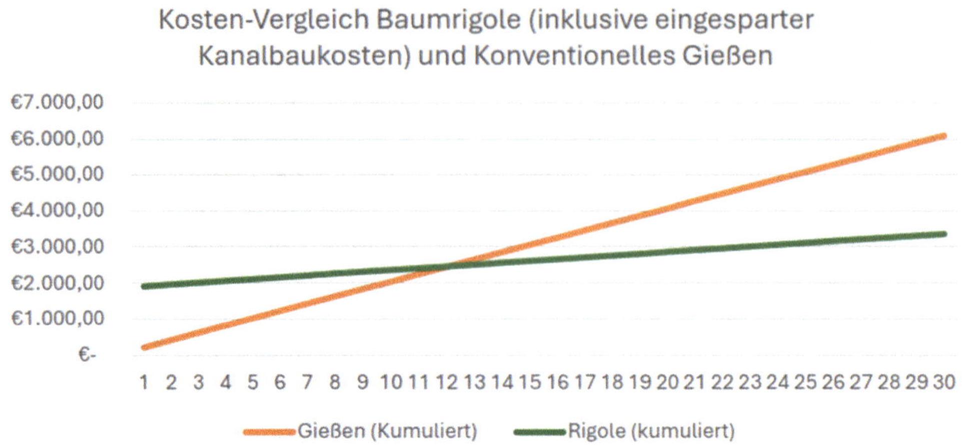

Abb. 4.7 Kosten-Vergleich der Baumrigole und Konventionellem Gießen. (Eigene Darstellung)

eine konventionelle Kanalisation mit etwa 400.000 € mehr als das Doppelte gekostet hätte. Auch im Betrieb erweisen sich Mulden als günstiger, da sie als Grünflächen ohnehin angelegt und gepflegt werden müssen. Ähnliches gilt für die Nutzung vorhandener Kaltluftschneisen, die deutlich kosteneffizienter sind als technische Kühlsysteme [24].

Das Beispiel einer Einzelmaßnahme im Quartier verdeutlich das methodische Vorgehen: Einzelne Maßnahmen werden hinsichtlich Kosten und Nutzen analysiert und anschließend in eine gesamthafte Wirtschaftlichkeitsbewertung überführt. Übertragen auf das gesamte Quartier ergibt sich die Möglichkeit, ein integratives Resilienzkonzept nicht nur qualitativ, sondern auch ökonomisch zu bewerten. Grundlage bildet dabei die Annahme, dass für jede Maßnahme detaillierte Kosten- und Nutzenparameter vorliegen.

Für eine quartiersweite Wirtschaftlichkeitsanalyse bietet sich ein mehrstufiges Verfahren an, das sich methodisch an der Logik des SNAP-Leitfadens orientiert:

1. Katalogisierung aller Maßnahmen: Erfassung sämtlicher resilienzfördernder Ansätze wie Dach- und Fassadenbegrünungen, blau-grüne Infrastruktur, Verschattungselemente, nachhaltige Energieversorgung und soziale Infrastruktur (dieser Schritt ist erst möglich, wenn alle Maßnahmen feststehen)
2. Bewertung der Investitions- und Betriebskosten: Ermittlung von Bau-, Material- und Planungskosten sowie Pflege- und Betriebskosten
3. Monetarisierung von Nutzen und Folgekosten: Berücksichtigung klassischer Einsparungen (zum Beispiel Energie- oder Wasserkosten), vermiedener Folgeschäden (beispielsweise durch Reparaturen nach Starkregen) und weicher Faktoren (Gesundheitskosten durch Hitzestress oder schlechte Raumluftqualität)
4. Vergleichende Analyse: Anwendung von Kosten-Nutzen-Analysen oder Lebenszyklusanalysen [LCA], um Maßnahmenpakete hinsichtlich ökologischer, sozialer und ökonomischer Wirksamkeit zu priorisieren

5. Gesamtbewertung des Quartiers: Zusammenführung der Ergebnisse zu einer ganzheitlichen Betrachtung, die zeigt, welche Investitionen langfristig am wirtschaftlichsten sind.
   (für die gesamte Auflistung: orientiert an [14])

Durch dieses Vorgehen lässt sich die Resilienzstrategie des Quartiers nicht nur qualitativ begründen, sondern auch ökonomisch absichern. Die Wirtschaftlichkeit wird damit zu einem zentralen Steuerungsinstrument: Sie erlaubt es, Varianten miteinander zu vergleichen, Investitionsentscheidungen zu treffen und den langfristigen Nutzen für Bewohner, Kommunen und Investoren transparent darzustellen.

Allerdings gibt es bei der Bewertung resilienter Maßnahmen zu berücksichtigen, dass viele der erzielten Effekte nur eingeschränkt quantitativ messbar sind. Verbesserungen wie ein stabileres Mikroklima, eine erhöhte Aufenthaltsqualität oder die Stärkung sozialer Netzwerke lassen sich kaum in konkreten Zahlen ausdrücken. Hinzu kommt, dass sich manche Maßnahmen wirtschaftlich vor allem dann „rechnen“, wenn tatsächlich extreme Wetterereignisse wie Starkregen, Hitzeperioden oder Stürme eintreten und dadurch Schäden vermieden werden. Die Herausforderung besteht daher darin, den ökonomischen Nutzen nicht ausdrücklich über kurzfristige Kosteneinsparungen zu definieren, sondern auch die vermiedenen Risiken und die langfristige Absicherung des Quartiers in die Betrachtung einzubeziehen. Damit bleibt die Wirtschaftlichkeitsprüfung stets in Kombination aus quantitativer Kostenanalyse und qualitativer Bewertung der Resilienzgewinne.

Von besonderer Bedeutung sind zudem staatliche Förderprogramme, die Eigentümer, Kommunen und Quartiere bei der Umsetzung klimaangepasster Bauweisen unterstützen. Die Kreditanstalt für Wiederaufbau [KfW] bietet etwa zinsgünstige Kredite und Zuschüsse im Rahmen der Programme *„Energieeffizient Sanieren“* und *„Energieeffizient Bauen“*. Gefördert werden hier Maßnahmen wie die Dämmung der Gebäudehülle, Verschattung, Dach- und Fassadenbegrünung, Photovoltaik- und Solarthermieanlagen, aber auch der Einbau moderner Heizsysteme. Quartiere können zusätzlich von der Förderung integrierter Quartierskonzepte und der Finanzierung von Sanierungsmanagements profitieren, die als Schnittstelle zwischen Eigentümern, Kommunen und Förderinstitutionen agieren [8].

Auch kommunale Förderungen spielen eine wichtige Rolle: Manche Städte unterstützen Maßnahmen wie Dach- und Fassadenbegrünungen mit direkten Zuschüssen pro Quadratmeter oder reduzierte Abwassergebühren. Darüber hinaus existieren regionale Förderprogramme für Regenwasserversickerung oder Versickerungsanlagen, die insbesondere in stark versiegelten, urbanen Quartieren von Bedeutung sind. (Tab. 4.1) Ergänzt wird dieses Spektrum durch Beratungsangebote von Verbraucherzentralen, die eigentümer bei Fragen zu Barrierefreiheit, Dämmung, Ressourcenschutz oder klimagerechtem Neubau begleiten [8].

Zusammenfassend zeigt sich, dass Wirtschaftlichkeit und Resilienz keine Gegensätze darstellen, sondern vielmehr synergetisch wirken können. Richtig eingesetzte Maßnahmen wie Mulden-Rigolen-Systeme oder Förderinstrumente (kommunalen Zuschussförderung, KfW-Programme, etc.) – senken die Einstiegshürden für private und institutionelle In-

Tab. 4.1 Beispiele für Förderinstrumente für eine resiliente Quartiersplanung (Informationen aus [8])

Förderinstrument	Beschreibung
Kommunale Zuschüsse	Zuschüsse pro Quadratmeter Dach- oder Fassadenbegrünung, reduzierte Abwassergebühren, Förderung von Versickerungsanlagen
KfW-Programme („Energieeffizient Bauen" & „Energieeffizient Sanieren")	Zinsgünstige Kredite und Zuschüsse für Dämmung, PV, Solarthermie, Verschattung, Heizungserneuerung, KfW-Standard
Quartierskonzepte & Sanierungsmanagement	Förderung integrierter Quartierskonzepte sowie Finanzierung von Personal
Verbraucherzentrale & Beratungsangebote	Beratung zu Energieeffizienz, Ressourcenschutz, Barrierefreiheit und klimagerechtem Neubau/Sanierung
Gesplittete Abwassergebühr	Getrennte Gebühren für Schmutz- und Niederschlagswasser, Anreiz zur Entsiegelung, Regenwassernutzung und Regenwasserversickerung.

vestoren. Dabei gilt: Bauliche Anpassungsmaßnahmen sind langfristig stets kostengünstiger als die Behebung von Schäden, die durch Klimafolgen entstehen. Frühzeitige Investitionen schützen nicht nur vor finanziellen Belastungen durch Reparaturen und Sanierungen, sondern sichern zugleich den Werterhalt von Gebäuden und Quartieren. So wird gewährleistet, dass Maßnahmen zur Klimaanpassung nicht nur ökologisch und sozial wirksam, sondern auch langfristig finanziell tragfähig sind [8].

4.6 Entwicklung eines Prozessmodells zur resilienten Quartiersplanung

Das im Folgenden entwickelte Prozessmodell konzentriert sich auf die Quartiersebene, da hier die Wechselwirkungen zwischen baulichen, ökologischen und sozialen Faktoren besonders deutlich werden und konkrete Maßnahmen gut steuerbar sind. Zwar beeinflussen auch übergeordnete Planungsebenen – beispielsweise stadtweite Strategien, Landes- und Bundesvorgaben – sowie gebäudebezogene Detailentscheidungen die Resilienz, diese liegen jedoch außerhalb des Untersuchungsrahmens der vorliegenden Arbeit. Das Modell versteht sich daher als methodischer Beitrag zur Quartiersentwicklung, der an Schnittstellen zu stadtweiten oder gebäudebezogenen Ebenen anschlussfähig bleibt, ohne diese im Detail zu behandeln.

Die Entwicklung resilienter Quartiere erfordert eine systematische Verankerung von Klimaanpassung und Resilienzstrategien in allen Phasen der Planung und Umsetzung. Ein wesentliches Instrument, um diese Ziele auch verbindlich in die Praxis umzusetzen, stellen sogenannte „Grüne Verträge" dar. Sie integrieren ökologische und soziale Standards in Bauverträgen und sichern so, dass alle beteiligten Akteure (Architekten, Ingenieure, Bauunternehmen, Investoren) dauerhaft nachhaltige Praktiken anwenden. Dadurch können Umweltauswirkungen reduziert und zugleich klimaresiliente sowie zukunftsfähige urbane Räume geschaffen werden [9].

Während die klassische Honorarordnung für Architekten und Ingenieure [HOAI] eine überwiegend lineare Abfolge von neun Leistungsphasen [LPH] vorsieht, verdeutlichen aktuelle Konzepte – etwa die Klimaresilienz-Kriterien der DGNB -, dass Resilienzprozesse iterativ, interdisziplinar und adaptiv ausgestaltet werden müssen. Dabei wird Resilienz nicht als additive Maßnahme verstanden, sondern als Querschnittsaufgabe, die in jede Phase integriert werden sollte [4].

Das zu entwickelnde Prozessmodell zeigt einen adaptiven Planungsablauf für ein resilientes Wohnquartier entlang der HOAI-Leistungsphasen. Die Phasen 1 bis 5 – also die eigentlichen Planungsphasen – werden dabei vertieft behandelt, da in diesen die Weichen für Resilienz gestellt werden. Wichtig ist ein interdisziplinärer Ansatz, der alle Resilienzdimensionen – baulich und technologisch, ökologisch, sozial und wirtschaftlich – berücksichtigt [5].

Darüber hinaus werden Klimaanpassung (Schutz vor Hitze, Starkregen, Wind) und kooperative Steuerungsaspekte (Akteure, Beteiligung, Steuerung) integrativ einbezogen. Das Modell ist zeitlich von Phase 0 bis 9 aufgebaut, betont jedoch adaptive Rückkopplungsschleifen: Beteiligung der Stakeholder in allen Projektphasen, eine fortlaufende Evaluation der Maßnahmen sowie eine flexible Anpassung der Planung bei neuen Erkenntnissen oder Rahmenbedingungen.

LPH 0 – Bedarfsplanung/Projektvorbereitung

Noch vor der klassischen Grundlagenermittlung nach HOAI setzt eine vorgelagerte Phase an, die als LPH 0 bezeichnet wird. In dieser Phase werden die grundlegenden Rahmenbedingungen, Bedarfe und Zielsetzungen definiert, die später in die Projektziele einfließen. Für resiliente Quartiersplanung ist diese Phase von besonderer Bedeutung, da hier die Weichen für den gesamten Prozess gestellt werden [2].

Strategische Zieldefinition: Politische, städtebauliche und gesellschaftliche Zielsetzungen werden erarbeitet. Dazu gehören Klimaneutralität, Anpassung an Extremwetter oder soziale Inklusion. Sie bilden die Grundlage für die späteren Resilienzindikatoren. Die Grundidee der Entwicklung eines Resilienten Wohnquartiers wird hier geschaffen.

- Machbarkeitsstudien: Erste Analysen zu Standort, Flächenpotenzialen, Infrastrukturen und rechtliche Rahmenbedingungen erfolgen. Hier können auch Risiko- und Szenarioanalysen eingebunden werden, um Chancen und Verwundbarkeiten frühzeitig zu identifizieren.
- Stakeholder-Analyse: Relevante Akteure wie Kommunen, Wohnungsunternehmen, Energieversorger oder zivilgesellschaftliche Initiativen werden erfasst. Erste Abstimmungen schaffen Transparenz und Akzeptanz für die späteren Planungsschritte.

LPH 0 schafft damit die Grundlage, dass Resilienz nicht erst nachträglich integriert, sondern von Beginn an als Leitgedanke verankert wird. Sie schließt mit einer Bedarfsplanung ab, die die Anforderungen an das Quartier im Hinblick auf Klima, Gesellschaft und Wirtschaft konkretisiert und als Basis für die Grundlagenermittlung in LPH 1 dient.

LPH 1 – Grundlagenermittlung

In Leistungsphase 1 werden die Grundlagen für das Projekt gelegt. Der Bauherr beziehungsweise die Kommune definiert die Projektziele – explizit auch für Resilienz als strategisches Entwicklungsziel. Eine Standortanalyse erfolgt nicht nur technisch und rechtlich, sondern auch unter Resilienzgesichtspunkten: Welche Klimarisiken (Hitze, Überflutung, Wind) bestehen? Welche sozialen und wirtschaftlichen Verwundbarkeiten liegen vor? Bereits in dieser frühen Phase wird eine erste Risiko- und Verwundbarkeitsanalyse durchgeführt.

- Resilienz-Zielkatalog: Festlegung von Resilienzanforderungen und Indikatoren (robuste Bauweise, Mikroklima-Verbesserung, soziale Infrastruktur) als Teil des Projektpflichtenhefts beziehungsweise der Gebrauchsanweisung. Diese werden im städtebaulichen Vertrag rechtlich bindend festgelegt.
- Stakeholder-Einbindung: Relevante Akteure – Stadtverwaltung, Planungsteam, zukünftige Bewohner, Fachingenieure, Naturschutz – werden frühzeitig in die Planung eingebunden (Workshops, Beteiligungsverfahren, Jour-Fixes). Partizipative Formate sichern die lokale Akzeptanz und Wissen.
- Grundlagen prüfen: Analyse des Standorts und Bestands aus der Resilienzperspektive (Mikroklima, Wasserwege oder Boden) mithilfe von Bodenanalysen, Überflutungsnachweisen oder Wärmebelastungskarten. Rechtliche Rahmenbedingungen wie Vorgaben zur Klimaanpassung in der Bauleitplanung werden geprüft. Die Identifizierung von Chancen und Risiken bilden die Basis für alle weiteren Phasen.

Durch diese Weichenstellung in der LPH 1 wird Resilienz von Beginn an als Leitlinie verankert. Die enge Zusammenarbeit aller Projektbeteiligten ist entscheidend [2]. Die Kommune stellt sicher, dass öffentliche Nachhaltigkeits- und Klimaziele einfließen, während Planer beratend die baulich-technischen Möglichkeiten aufzeigen.

LPH 2 – Vorplanung

In Leistungsphase 2 (Vorplanung) werden erste städtebauliche Konzepte und Entwurfsskizzen erarbeitet. Nun fließen die in Phase 1 gewonnenen Erkenntnisse in kreative Lösungen ein. Die Resilienzstrategien werden konzeptionell verankert, indem verschiedene Varianten und Maßnahmen geprüft werden.

- Integrierter Entwurf: Stadt- und Freiraumplanung erfolgen ganzheitlich. Grüne und blaue Infrastruktur (Parks, Bäume, Wasserflächen) werden als Schlüsselelemente in das Quartierskonzept integriert, um Mikroklima und Regenwassermanagement zu verbes-

sern. Auch Flächen für Gemeinschaftseinrichtungen (Treffpunkte, Quartiersbüro, Notfallpunkte) sind vorzusehen, um die soziale Resilienz fördern zu können.
- Klimagerechte Bauweise: Die Gebäudekonzepte berücksichtigen das lokale Klima und mögliche zukünftige Klimaänderungen. Passive Kühlungsmaßnahmen (natürliche Durchlüftung, Verschattung, helle Fassaden mit Albedo-Effekt) gegen Hitze und bauliche Vorsorge gegen Starkregen (erhöhte Erdgeschosse, Rückstauklappen) werden eingeplant [25].
- Technologie und Energie: Erste technische Konzepte für die Energie- und Wasserversorgung entstehen mit Blick auf Resilienz. Es wird geprüft, wie eine netzunabhängige Notstromversorgung oder ein smartes Mikronetz (dezentrales Stromnetz) aussehen könnte, um im Krisenfall autark zu sein. Speicher für Regen- und Grauwasser werden berücksichtigt (optional auch Geothermie [9]). Zudem wird die integration von Ladeinfrastruktur für Elektromobilität frühzeitig in die Konzeption einbezogen, um spätere bauliche Anpassungen vermeiden zu können.
- Variantenvergleich und Kosten-Nutzen-Analyse: Unterschiedliche Planungsvarianten werden systematisch im Hinblick auf ihre Resilienzwirkung und Wirtschaftlichkeit bewertet. Dazu erfolgt eine überschlägige Kosten-Nutzen-Analyse zentraler Klimaanpassungsmaßnahmen (Dach- und Fassadenbegrünung, Regenwasserrückhalt, Verschattungselemente). Die Ergebnisse werden nicht nur qualitativ diskutiert, sondern den im Projekt definierten Zielen (Kostenrahmen, Flächeneffizienz, Nutzeranforderungen) gegenübergestellt. Auf dieser Grundlage wird eine belastbare Entscheidung getroffen, welche Maßnahmen in das Konzept übernommen werden. [4, 18]

Die systematische Bewertung von Planungsvarianten orientiert sich an etablierten Vorgehensweisen, wie sie beispielsweise im SNAP-Dokument dargestellt sind. Dort wird der Ablauf von der Definition von Prüfkriterien über die Datenerhebung bis zur quantitativen und qualitativen Prüfung sowie der Zusammenführung der Ergebnisse beschrieben (Abb. 4.8) [14]. Diese strukturierte Zusammenführung der Ergebnisse bildet eine Grundlage für belastbare Entscheidungen im Variantenvergleich. Diese Logik kann auch für die

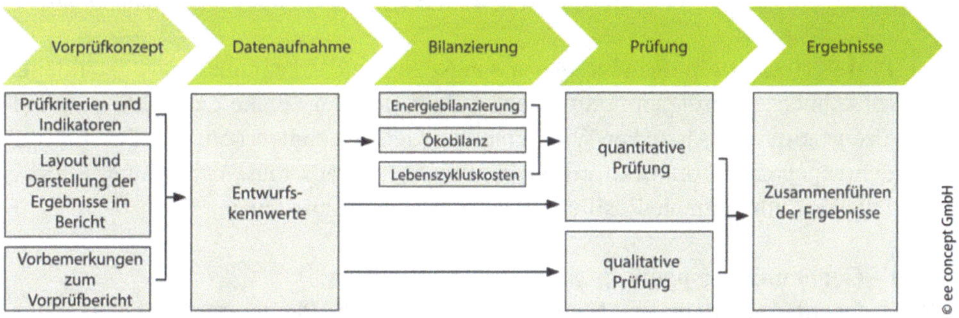

Abb. 4.8 Ablauf der Vorprüfung und Bewertung nach Systematik für Nachhaltigkeitsanforderungen in Planungswettbewerben [14]

Resilienzbewertung genutzt werden, indem Klimaanpassungsmaßnahmen hinsichtlich ihrer Wirksamkeit und Wirtschaftlichkeit anhand dieses Schemas vergleichbar gemacht werden.

In dieser Konzeptphase liegt der Fokus auf Synergien: Lösungen, die mehrere Ziele bedienen, also eine „Win-Win"-Situation schaffen, werden bevorzugt [2]. So kann beispielsweise eine Grünachse zugleich Hitzebelastung senken und Aufenthaltsqualität und Hochwasserschutz erhöhen. Wichtig ist ein ganzheitlicher Ansatz, der bauliche, ökologische, soziale und technologische Aspekte miteinander verzahnt [9].

LPH 3 – Entwurfsplanung

In Leistungsphase 3 wird der Vorentwurf zu einem ausgereiften Entwurf ausgearbeitet. Nun werden alle wichtigen Architektur- und Ingenieurdetails festgelegt, wobei die zuvor definierten Resilienzmaßnahmen konkret integriert und quantifiziert werden.

- Bauliche Robustheit: Die Gebäudeplanung wird konstruktiv durchdekliniert, sodass die Robustheit gewährleistet ist. Beispielsweise werden tragende Konstruktionen an höhere Windlasten angepasst und die Gebäudehülle so angepasst, dass sie Extremwetter standhält (verstärkte Dachkonstruktionen, Sturmschutzvorrichtungen, Sturmwächter) [9].
- Material- und Systemwahl: Bei der Wahl von Materialien und technischen Systemen wird gezielt auf resiliente Lösungen gesetzt. Etwa können überflutungssichere Baustoffe im Erdgeschoss, hitzebeständige und langlebige Fassadenmaterialien (Klinker, Naturstein) oder redundante Versorgungssysteme (zwei unabhängige Energiequellen) vorgesehen werden [25].
- Fachplaner-Abstimmung: Architekten, Fachingenieure (Statik, Haustechnik, Verkehr) und Landschaftsplaner arbeiten iterativ zusammen, um Resilienzquerschnittsthemen umzusetzen. So fließen beispielsweise Erkenntnisse aus Mikroklima- und Sonnenstudien in die Gebäudeausrichtung ein.
- Soziale Infrastruktur: Der Entwurf beinhaltet Räume für Gemeinschaft und Krisenfälle. Beispielsweise werden Nachbarschaftszentren oder Quartiersplätze fest im Plan verankert, die im Alltag als Treffpunkt und im Notfall als Anlaufstelle dienen können.

Diese Phase erfordert eine gewisse Anpassungsfähigkeit: Erkenntnisse aus detaillierten Analysen können Änderungen nötig machen. Zum Beispiel könnte eine vertiefte Windanalyse zeigen, dass zusätzlicher Windschutz an Gebäudekanten nötig ist. Der Entwurf wird dann angepasst. Trotz des fortschreitenden Detailgrads muss der Planungsprozess flexibel bleiben, um optimale Resilienzergebnisse erzielen zu können.

LPH 4 – Genehmigungsplanung

In Phase 4 werden alle Pläne und Nachweise für die örtliche Planungsbehörde zusammengestellt. Nun gilt es sicherzustellen, dass die Resilienzaspekte auch in den offiziellen Planunterlagen und Auflagen verankert sind.

- Nachweisführung: Viele Resilienzmaßnahmen überschneiden sich mit Genehmigungsthemen (Brandschutz, Wasserrecht, Naturschutz). In den Antragsunterlagen werden daher beispielsweise Regenrückhalteanlagen, Grünflächenanteile, Fluchtwege oder Notstromanlagen so dargestellt und berechnet, dass Behörden die Wirksamkeit erkennen. Gegebenenfalls sind zusätzliche Gutachten (Klima- oder Umweltgutachten) beizufügen.
- Abstimmung mit Behören: Frühzeitige Kommunikation mit den Genehmigungsbehörden stellt sicher, dass innovative Lösungen verstanden und akzeptiert werden. Beispielsweise wird mit dem Stadtplanungsamt besprochen, wie klimaresiliente Gestaltung ins Bebauungsverfahren einfließt (etwa Festsetzungen zu Grünflächen oder Entsiegelung). Auch können städtebauliche Verträge genutzt werden, um bestimmte Resilienzkriterien vertraglich festzuschreiben. [2, 26]
- Auflagen und Fördermittel: Oft werden seitens der Behörden Auflagen zum Klimaschutz und zur Anpassung erteilt (bestimmte Dämmstandards, Begrünungsangebote). Diese werden übernommen und im Budget eingeplant. Gleichzeitig können Förderprogramme (für eine grüne Infrastruktur, energetische Quartierskonzepte und Bauweisen) beantragt werden.
- Steuerung und Zuständigkeiten: In dieser Phase klären Kommune und Bauherr auch, wer die Verantwortung für bestimmte Resilienzmaßnahmen trägt. Wer betreibt später beispielsweise die Regenwassersammelanlage? Wie wird die Pflege der Grünflächen und der Bäume sichergestellt? Solche Festlegungen finden Eingang in Nebenbestimmungen oder Verträgen.

Die Genehmigungsphase gewährleistet, dass die geplanten Resilienzaspekte verbindlich werden. Durch die Zusammenarbeit von Planerteam, Bauherr und Behörden wird Resilienz nun offiziell im Projekt verankert – ein wichtiger Schritt, um die Umsetzung in der nächsten Phase sicherstellen zu können. Bei vorheriger Abstimmung und einem kontinuierlichen Austausch zwischen den Beteiligten – insbesondere bei politisch gewollten Bauvorhaben – kann sich die Dauer der Genehmigungsphase zudem deutlich verkürzen.

LPH 5 – Ausführungsplanung

In Phase 5 erfolgt die Ausführungsplanung, das heißt sämtliche Details und Zeichnungen werden fertiggestellt, damit danach gebaut werden kann. Hier geht es darum, die Resilienzmaßnahmen bis ins letzte Detail einzuarbeiten und die Umsetzung vorzubereiten.

- Konstruktionsdetails: Alle baukonstruktiven Details (Pläne für Fundamente, Wände, Dach) werden so ausgearbeitet, dass die Resilienzziele erreicht werden. Beispielsweise werden Anschlussdetails so geplant, dass bei Starkregen kein Wasser eindringt oder Befestigungen dimensioniert, um Orkanböen standzuhalten. Auch Materiallisten und Baubeschreibungen spezifizieren die vorgesehenen resilienten Baustoffe.
- Integration der Fachgewerke: In den technischen Gewerken (Heizung und Kühlung, Elektro, Sanitär) werden nun Systeme eingeplant, die robust und adaptiv sind. Etwa

kann ein intelligentes Steuerungssystem (Smart-Home oder Sensorik) eingeplant werden, das im Betrieb Klimadaten ausliest und Gebäudeautomation entsprechend anpasst [5]. Ebenso werden beispielsweise Batteriekapazitäten in der Elektroanlage berücksichtigt, um bei Netzausfall einen Inselbetrieb zu ermöglichen.
- Prüfung der Umsetzung: Das Planungsteam führt eine letzte Risikoabschätzung durch, ob alle Resilienzmaßnahmen praktisch umsetzbar sind. Gegebenenfalls werden noch notwendige Anpassungen vorgenommen. Diese Feinjustierung stellt sicher, dass keine Maßnahme im Bau ausfällt.
- Vorbereitung der Ausschreibung: Bereits in dieser Phase wird erarbeitet, wie die geforderten Resilienzmaßnahmen in die folgenden Ausschreibungsunterlagen einfließen. Wichtige Punkte (Anforderung an Baumaterialien, Qualitätsstandards für die Ausführung) werden in den Leistungsverzeichnissen vorgedacht.

Mit Abschluss der Ausführungsplanung liegt ein resilienzoptimierter Plan vor, der umsetzungsbereit ist. Sollte sich während der LPH 5 zeigen, dass bestimmte Lösungen noch optimiert werden müssen, können iterativ frühere Planungsstufen konsultiert werden. Insgesamt ist Phase 5 der letzte Schritt der intensiven Planungsarbeit, bevor es mit der LPH 6 in die Umsetzung geht.

LPH 6 und 7 – Vorbereitung und Mitwirkung bei der Vergabe

Die Leistungsphasen 6 und 7 umfassen die Vorbereitung und die Mitwirkung bei der Vergabe der Bauleistungen. Hier werden die Bauleistungen ausgeschrieben (LPH 6) und geeignete Auftragnehmer ausgewählt (LPH 7). Auch diese Schritte lassen sich resilienzorientiert gestalten:

- Ausschreibungsunterlagen: In LPH 6 erstellt der Bauherr (oft auch der Projektsteuerer oder Architekt) die Leistungsverzeichnisse. Dabei werden die zuvor definierten Resilienzstandards verbindlich eingefordert. Beispielsweise können Materialien mit bestimmten Eigenschaften (Hochwasserbeständige Dämmung, schadstoffarme Baustoffe) vorgeschrieben werden. Ebenso werden Qualitätsnachweise verlangt (Zertifikate für klimaresiliente Baustoffe oder Garantien für die Funktion von Notfallsystemen).
- Vergabekriterien: Bei der Angebotsauswertung (LPH 7) fließen Nachhaltigkeits- und Resilienzkriterien in die Bewertung der Baufirmen ein. Neben dem Preis werden beispielsweise die Erfahrung der Bieter mit ähnlichen Projekten, die vorgeschlagene Bauzeitplanung (zur Vermeidung wetterkritischer Bauphasen) oder zusätzliche Klimaschutzleistungen berücksichtigt. Dies setzt klare Vorgaben und transparente Entscheidungskriterien voraus.
- Vertragsgestaltung: In LPH 7 (bei Vertragsabschluss mit den Bauunternehmen) werden Resilienzmaßnahmen als vertragliche Qualitätsziele festgeschrieben. Beispielsweise kann vereinbart werden, dass eine bestimmte Anzahl an Bäumen zu pflanzen und über einen Zeitraum von fünf Jahren zu pflegen ist oder dass ein Monitoring-System

installiert wird. Auch Strafen bei Nichterreichen oder Anreize bei Übertreffen von Nachhaltigkeitskriterien können Teil des Vertrages sein. [4, 26]

- Regionale Wertschöpfung: Im Rahmen der Vergabe kann – soweit vergaberechtlich zulässig – auch auf die Stärkung regionaler Unternehmen geachtet werden. So können Kriterien formuliert werden, die örtliche Firmen indirekt begünstigen, etwa durch die Bewertung kurzer Anfahrtswege (geringerer CO_2-Ausstoß, schnellere Verfügbarkeit bei Nachbesserungen) oder durch die Berücksichtigung einer nachweisbaren regionalen Wertschöpfung.

Durch die Integration in Ausschreibung und Vergabe wird sichergestellt, dass die beauftragten Firmen die Resilienzziele mittragen. Die Bauleitung sollte darauf achten, dass in den Angeboten keine wichtigen Maßnahmen für die Widerstandsfähigkeit gestrichen werden, nur um den Preis zu senken. Eine sorgfältige Planung im Vorfeld stellt sicher, dass eindeutige Vorgaben vorliegen.

LPH 8 – Objektüberwachung

In Phase 8 beginnt die eigentliche Bauausführung, die von der Bauleitung (Architekt oder Ingenieur) überwacht wird. Nun geht es darum, die geplanten Maßnahmen qualitativ hochwertig umzusetzen und bei Bedarf flexibel zu reagieren, falls unvorhergesehene Ereignisse eintreten.

- Qualitätssicherung: Die Bauleitung kontrolliert laufend, dass alle resilienzrelevanten Bauteile und Systeme fachgerecht eingebaut werden. Wichtige Meilensteine (Abdichtung des Kellers, Montage der Solaranlage, Pflanzung von Bäumen) werden besonders geprüft. Gegebenenfalls werden Experten hinzugezogen, etwa für einen Blower-Door-Test oder Statiker für besondere Konstruktionen.
- Dokumentation: Alle eingebauten Elemente und durchgeführte Prüfungen werden dokumentiert (Fotos, Prüfprotokolle, Baustellenbegehungen), um eine lückenlose Nachvollziehbarkeit zu gewährleisten. Diese Dokumentation bildet später die Basis für das Monitoring in LPH 9.
- Anpassungen während der Bauphase: Tritt während der Bauphase Unerwartetes auf – etwa extreme Wetterereignisse oder Lieferengpässe – muss flexibel reagiert werden. Resiliente Quartiersplanung bedeutet auch, aus realen Ereignissen zu lernen. Solche Erfahrungen können noch während der Bauphase zu kleineren Planänderungen führen (zusätzliche Wasserabläufe einbauen, provisorischen Schutz erhöhen).
- Kommunikation: In der LPH 8 zeigt sich der gelebte Koordinationsaspekt: Ein Krisenmanagement und klare Absprachen zwischen Bauherrn, Bauleitung, Baufirmen und Behörden ist essenziell, um unvorhergesehene Ereignisse gemeinsam bewältigen zu können. Regelmäßige Baubesprechungen (Jour fixe) stellen sicher, dass alle Beteiligten informiert sind und Lösungen bei Problemen schnell gefunden werden können.

Wenn die Bauüberwachung sorgfältig erfolgt, resultiert aus LPH 8 ein Quartier, das entsprechend der Planung resilient gebaut ist. Die Qualität der Ausführung ist hierbei ausschlaggebend – eine geringe „Pfusch-Toleranz“ bedeutet eine höhere Resilienz im Betrieb. Nach Abschluss der Bauarbeiten erfolgt die Abnahme aller Leistungen, womit die Verantwortung auf die Betreiberseite übergeht.

LPH 9 – Objektbetreuung

Phase 9 schließt den Kreis: Nach Fertigstellung geht das Quartier in den Betrieb beziehungsweise die Nutzung über. In einer resilienten Quartiersplanung wird jedoch auch diese Phase aktiv gestaltet, um das Quartier langfristig anpassungsfähig zu halten und aus dem Betrieb zu lernen.

- Inbetriebnahme und Schulung: Zunächst stellen beteiligte Architekten und Ingenieure sicher, dass alle Systeme ordnungsgemäß funktionieren (Übergabe und Einweisung). Bewohner und Betreiber werden hinsichtlich der besonderen Einrichtungen geschult – beispielsweise bezüglich der Nutzung von Notstromaggregaten, Dachgärten oder Alarmierungen bei Unwetter. Dieser Kapazitätsaufbau fördert neben der technischen Resilienz die soziale Resilienz, da die Gemeinschaft weiß, wie sie im Ernstfall reagieren kann.
- Monitoring-Systeme: Im laufenden Betrieb wird die Wirksamkeit der Resilienzmaßnahmen überwacht. Sensoren und Smart-City-Technologien können beispielsweise Klimadaten (Temperaturen, Niederschläge, Wind) sowie Gebäudedaten (Energieverbrauch, Innenraumklima) erfassen. So erkennt das System frühzeitig, ob Maßnahmen wie Gründächer das gewünschte Mikroklima bringen oder wo nachjustiert werden muss. Auch soziale Indikatoren (Zufriedenheit, Nutzerverhalten) können beispielsweise mithilfe von Umfragen erhoben werden [5].
- Evaluation und Feedback: Die gesammelten Monitoring-Daten und Erfahrungen werden regelmäßig ausgewertet. Zeigen sich Schwachstellen, fließen diese als Feedback zurück an die Quartiersbetreiber und Planer. Beispielsweise brauchen manche Grünanlagen mehr Pflege als gedacht – die Pflege wird dann entsprechend angepasst. Wenn sich herausstellt, dass die Bewohner ihre Mobilität und Aufenthaltsbereiche anders gestalten als angenommen, kann das ein Grund für bauliche Anpassungen sein (geänderte Wegeführung, zusätzliche Verschattungselemente).

- Kontinuierliche Anpassung: Resilienz ist ein lernender Prozess. Im Betrieb wird das Quartier kontinuierlich weiterentwickelt. Dazu gehören planmäßige Wartungen (präventive Inspektionen der Bausubstanz, regelmäßige Überprüfung von Sicherheitseinrichtungen) ebenso wie etwaige Nachrüstungen bei Bedarf. Beispielsweise könnten in einigen Jahren neue technische Möglichkeiten (effizientere Speicher oder Sensoren) integriert werden, um die Resilienz steigern zu können. Wichtig ist auch, auf veränderte Rahmenbedingungen zu reagieren – seien es klimatische Veränderungen oder soziale Entwicklungen im Quartier [9].

Phase 9 geht somit in den fortlaufenden Betrieb über und bildet die Rückkopplung zur Planung: Erkenntnisse aus dem realen Betrieb können künftige Projekte beeinflussen oder – falls es sich um ein längerfristiges Entwicklungsprojekt handelt – direkt in neue Bauabschnitte oder Baufelder einfließen. Eine resiliente Quartiersplanung endet nie vollkommen, sondern geht kontinuierlich in die nächste Runde der Prävention und Verbesserung über.

(Für die Ausarbeitung des Abschn. 4.6 dienten folgende Quellen als Orientierungshilfe: [2, 9, 21, 27])

Zusammenfassend verbindet das umfassende Prozessmodell die chronologische Struktur der HOAI-Projektphase mit einem lernenden Systemansatz. Jede Phase baut auf der vorigen auf, während Feedback und Beteiligung ständige Verbesserungen ermöglichen. So entsteht ein resilientes Quartier, das robust gegenüber aktuellen und zukünftigen Herausforderungen ist und sich zugleich anpassungsfähig weiterentwickeln kann – technisch, ökologisch, sozial und wirtschaftlich. Dieses Modell dient allen Beteiligten als Orientierungsrahmen, um Nachhaltigkeit und Resilienz ganzheitlich in den Quartiersentwicklungsprozess zu integrieren und praktisch umzusetzen.

Um die in Kap. 4 beschriebenen Maßnahmen und Prozesse systematisch in den Planungsprozess einzuordnen, wurde ein Prozessmodell entwickelt. Dieses verknüpft die einzelnen Leistungsphasen der HOAI mit den relevanten Akteuren sowie den wesentlichen Resilienzschritten und stellt somit eine strukturierte Übersicht über den gesamten Projektverlauf. Neben den klassischen Planungs- und Bauphasen werden auch Querschnittsthemen wie Partizipation, Finanzierung und Monitoring berücksichtigt. Das vollständige Modell mit einer detaillierten Darstellung der Aufgaben, Akteure und Rückkopplung ist in Abb. 4.9 dargestellt. Zur besseren Lesbarkeit wurde das Prozessmodell zusätzlich im Anhang 5 als DIN A3 Format beigefügt.

Ergänzend wurde eine praxisorientierte Checkliste entwickelt, die Kommunen, Projektträgern und Planungsbüros als Arbeitshilfe dient, um in allen Leistungsphasen systematisch zu überprüfen, ob resilienzfördernde Maßnahmen in die Planung integriert sind. Diese Checkliste findet sich im Anhang 6.

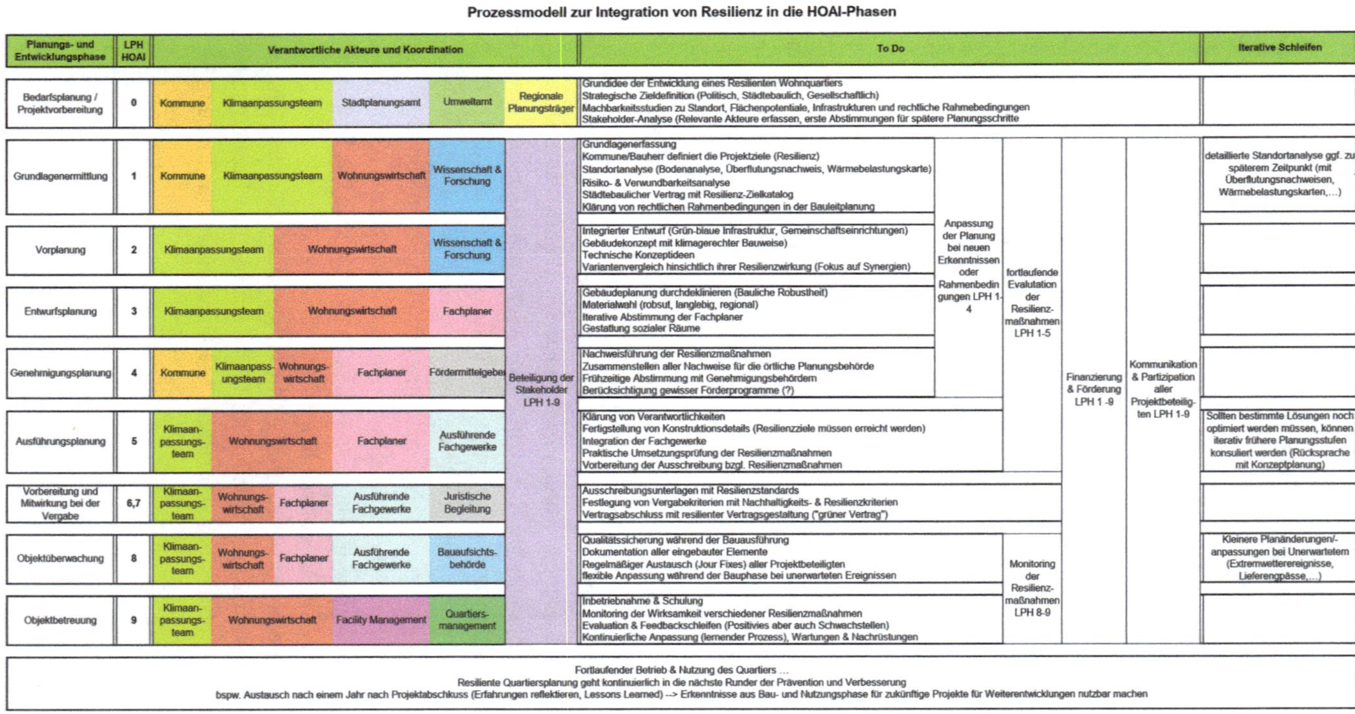

Abb. 4.9 Prozessmodell der LPH 0–9. (Eigene Darstellung)

Literatur

1. Landeshauptstadt Hannover, Wirtschafts- und Umweltdezernat, Fachbereich Umweltschutz und Stadtgrün, Bereich Umweltschutz: Leben mit dem Klimawandel, Hannover passt sich an, Anpassungsstrategien und Maßnahmenprogramm 2012–2016, Schriftenreihe kommunaler Umweltschutz – Heft 53, 2. Geänderte Auflage, 2017.
2. Sahling, U.: Klimaschutz und Energiewende in Deutschland, Herausforderungen – Lösungsbeiträge – Zukunftsperspektiven, Springer Spektrum, Berlin, 2022.
3. Friedrichsen, S.: Nachhaltiges Planen, Bauen und Wohnen, Kriterien für Neubau und Bauen im Bestand, 3. Auflage, Springer Vieweg, Berlin, 2024.
4. DGNB GmbH: Kriterienkatalog Quartiere, 2020.
5. Schulwitz, M.: Vulnerabilitäts- und Resilienzprofile städtischer Systeme, Dissertation, Städtebau-Institut der Universität Stuttgart, 2020.
6. Meyer, C.: Wasser-resiliente Stadtentwicklung im Kontext des Klimawandels, Masterthesis im Studiengang Umweltingenieurswissenschaften, Technische Universität Darmstadt, 2020.
7. Bundesinstitut für Bau-, Stadt und Raumforschung (BBSR): Stresstest Stadt – wie resilient sind unsere Städte? Unsicherheiten der Stadtentwicklung identifizieren, analysieren und bewerten, Bonn, 2018.
8. Deutsches Institut für Urbanistik gGmbH (Difu): Praxisratgeber Klimagerechtes Bauen, Mehr Sicherheit und Wohnqualität bei Neubau und Sanierung, Köln, 2017.
9. Oebbecke, T.: Nachhaltigkeit in Architektur und Städtebau, Klimafreundliche und resiliente Transformation unserer gebauten Umwelt im Lebenszyklus, Springer Vieweg, Wiesbaden, 2025.
10. Brasseur, G., Jacob, D., Schuck-Zöller, S.: Klimawandel in Deutschland, Entwicklung, Folgen, Risiken und Perspektiven, Springer Spektrum, Berlin und Heidelberg, 2017.
11. Bauer, W, Riedel, O., Braun, S.: #elasticity – Experimentelle Innenstädte und öffentliche Räume der Zukunft, Empirische Szenariostudie der Innovationspartnerschaft Innenstadt 2030+ | Future Public Space, Fraunhofer-Institut für Arbeitswirtschaft und Organisation IAO, 2021.
12. Landeshauptstadt Hannover: Gesundheits- und Umweltverträgliche Baumaterialien, Vorgabe 4.1, Aktualisierte Fassung Januar 2018, Hannover, 2018.
13. Deutscher Städtetag: Anpassung an den Klimawandel in den Städten – Forderungen, Hinweise und Anregungen, Deutscher Städtetag Berlin und Köln, 2019.
14. Bundesinstitut für Bau-, Stadt- und Raumforschung (BBSR): SNAP, Planungs- und Arbeitshilfen, Systematik für Nachhaltigkeitsanforderungen in Planungswettbewerben, Zukunft Bauen: Forschung für die Praxis, Band 29, Bonn, 2021.
15. Malek Fenster & Türen GmbH: Holz-Aluminium-Fenster Hildesheim – Das Beste aus beiden Welten, https://www.malek-fenster.de/fenster/holz-aluminium-fenster/, 10.09.2025.
16. Landeshauptstadt Hannover: Gebrauchsanweisung Stadterweiterung Kronsberg Süd, 2017.
17. Interne Quelle: GWH Wohnungsgesellschaft Hannover Kronsberg Süd – Auslobung 12/2019.
18. DGNB GmbH: Kriterienkatalog Gebäude Neubau, 2023.
19. Bauer, W., von Radecki, A., Ottendörfer, E.: Zukunftsfähige Städte und Regionen, Eine neue Strategie für die breite Umsetzung nachhaltiger Stadtentwicklung in Deutschland, Morgenstadt Initiative der Fraunhofer-Gesellschaft, Fraunhofer-Institut für Arbeitswirtschaft und Organisation (IAO), 2020.
20. Kabisch, S., Rink, D., Banzhaf, E.: Die Resiliente Stadt, Konzepte, Konflikte, Lösungen, Springer Spektrum, Berlin, 2023.
21. Christmann, G., Kilper, H., Ibert, O.: Die resiliente Stadt in den Bereichen Infrastrukturen und Bürgergesellschaft, Schriftenreihe Sicherheit Nr. 19, Forschungsforum Öffentliche Sicherheit, 2016.

22. Fekkah, M. et. al.: Resiliente Stadt – Zukunftsstadt, Wuppertal Institut für Klima, Umwelt, Energie gGmbH (WI), Forschungsgutachten im Auftrag des Ministeriums für Bauen, Wohnen, Stadtentwicklung und Verkehr des Landes Nordrhein-Westfalen (MBWSV), 2016.
23. Mall GmbH: Mall-Baumrigole ViaTree, https://www.mall.ch/fileadmin/user_upload/produkte/-reg enwasserbewirtschaftung/produktinformationen/produkt information-viatree.pdf, 10.09.2025.
24. Priesemann, S.: Funktioniert es? Klimaangepasstes Wohnen im Herzkamp in Hannover, https://-www.gundlach-bau.de/magazin/einzelansicht/funktioniert-es-klimaangepasstes-wohnen-im-herzkamp-in-hannover, 05.09.2025.
25. Hager, T.: Resiliente Quartiere: Anpassungsstrategien an den Klimawandel, https://www.baumeister.de/resiliente-quartiere-klimawandel/, 19.08.2025.
26. Deutsches Institut für Urbanistik gGmbH (Difu): Praxisleitfaden Klimaschutz in Kommunen, 4., aktualisierte Auflage, Berlin, 2023.
27. dtv Verlagsgesellschaft mbH & Co KG: HOAI Honorarordnung für Architekten und Ingenieure (HOAI), 38. Auflage, München, 2023.

Bewertung der Umsetzbarkeit im konkreten Praxisprojekt

5

5.1 Projektbeschreibung und Rahmenbedingungen

Der duale Praxispartner GWH Wohnungsgesellschaft mbH Hessen ist mit seiner Tochterfirma GWH Bauprojekte GmbH am städtebaulichen Entwicklungsgebiet *Kronsberg Süd* in Hannover, das auch unter dem Namen *Kronsrode* bekannt ist, beteiligt. Es handelt sich dabei um das aktuell größte Wohnungsbauprojekt des Bundeslandes Niedersachsen. Ausschlaggebend für die Entwicklung ist die hohe Nachfrage nach Wohnraum in der Landeshauptstadt, insbesondere nach bezahlbarem Wohnungsbau. Mit dem *„Wohnkonzept 2025 – Perspektiven zum Wohnen in Hannover“* [1, 2] hat die Stadt eine strategische Grundlage geschaffen und den Standort am *Kronsberg Süd* als geeignete Fläche für die Realisierung neuer Wohnquartiere festgelegt. [2]

Im südlichen Bereich des *Kronsberg* entsteht so ein neues Stadtquartier mit rund 3500 Wohneinheiten. Geplant ist ein Nutzungsmix aus Geschosswohnungsbau und Townhouses in einer Blockrandbebauung, ergänzt durch Einzelhandels- und Dienstleistungsangebote sowie soziale Infrastruktur wie eine Grundschule und mehrere Kindertagesstätten. Die Bruttobaulandfläche umfasst etwa 53 ha, und wird in die drei Areale Nord, Mitte und Süd gegliedert. Die Areale Nord und Süd gliedern sich jeweils in 11 Baufelder, das mittlere Areal in 12 Baufelder. Die einzelnen Baufelder weisen im Nordareal eine Größenordnung zwischen 6000 und 8000 m^2 auf, wie beispielsweise die Baufelder A.4 mit 6391 m^2 oder A.6 mit 7998 m^2. Jedes dieser Areale besteht aus einer Gruppe von Baufeldern mit zentralen Quartiersplätzen, die als städtebauliche und soziale Schwerpunkt dienen. Dort befinden sich gemeinschaftlich nutzbare Einrichtungen, Bildungsangebote und soziale Treffpunkte. [2]

Abb. 5.1 zeigt den nördlichen Teil des Masterplans (der vollständige Funktionsplan mit Maßstab 1:1000 findet sich in Anhang 7):

M. Höfling, *Resilienz in der Baubranche*, Entwicklung neuer Ansätze zum nachhaltigen Planen und Bauen, https://doi.org/10.1007/978-3-658-51581-2_5

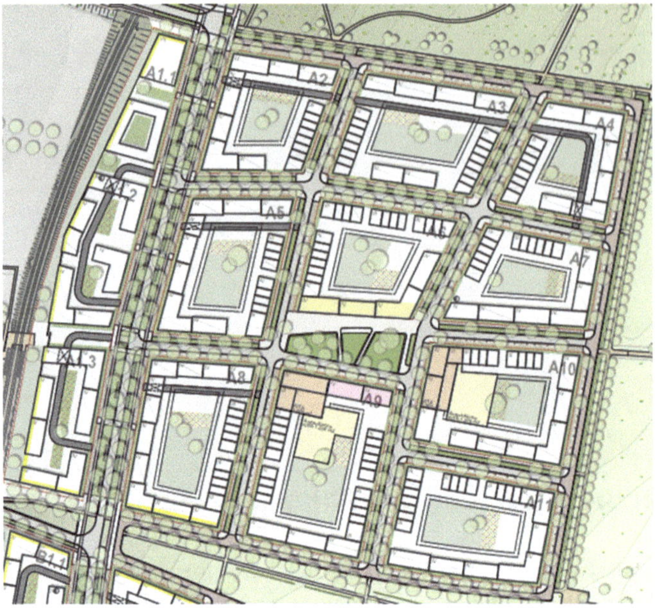

Abb. 5.1 Masterplan – Nördlicher Teil des Kronsberg Süd mit den Baufeldern A1.1 bis A11 [3]

Abb. 5.2 Stadtbahnhaltestelle direkt am Quartier (Eigene Aufnahme)

Das neuentwickelte Wohnquartier verfügt über eine sehr gute Verkehrsanbindung. In direkter Nähe befindet sich das Messegelände Hannover sowie eine vierstreifige Schnellstraße in Nord-Süd-Richtung. Darüber hinaus sind die Autobahnen A2 und A7 schnell erreichbar. Besonders hervorzuheben ist die Stadtbahnlinie 6 (Abb. 5.2), die das Quartier mit zwei Haltestellen erschließt und damit innerhalb von rund 30 min eine direkte Verbindung zur Innenstadt ermöglicht.

Im Inneren des Quartiers wird auf eine verkehrsberuhigte Erschließung mit Tempo-30-Zonen gesetzt. Stellplätze werden überwiegend in Tiefgaragen nachgewiesen, während öffentlich nutzbare Parkmöglichkeiten im Straßenraum integriert sind. Der Fokus liegt jedoch klar auf der Nahmobilität zu Fuß und mit dem Fahrrad. [2] Breite Gehwege und straßenbegleitende Baumreihen schaffen eine hohe Aufenthaltsqualität, orientiert am Leitbild der *„Stadt der kurzen Wege"*.

Die städtebauliche Entwicklung wurde in den Jahren 2015 bis 2017 in enger Zusammenarbeit mit der Landeshauptstadt Hannover sowie verschiedenen Architekten- und Ingenieurbüros erarbeitet. Eine Besonderheit bestand darin, dass die Öffentlichkeit bereits zu einem ungewöhnlich frühen Zeitpunkt in den Planungsprozess einbezogen wurde. Ergänzend nahmen vier Expertengruppen aus den Bereichen Fachverbände, Wohnungswirtschaft, Politik und Nachbarschaft an der Entscheidungsfindung teil. Auf dieser Grundlage wurde ein baulicher Masterplan entwickelt, der durch die sogenannte *„Gebrauchsanweisung Stadterweiterung Kronsberg Süd"* (im Folgenden Gebrauchsanweisung genannt) ergänzt wird. Diese Gebrauchsanweisung stellt ein verbindliches Regelwerk dar und ist fester Vertragsbestandteil zwischen der Landeshauptstadt Hannover und den beteiligten Bauherren. Sie sichert die städtebauliche Qualität und dient als Grundlage für Hochbau-, Freiraum- und Verkehrsplanung. [2] Mit der Festlegung von Entwurfsprinzipien, Gestaltungsregeln und Materialvorgaben verfolgt sie das Ziel, ein nachhaltiges, inklusives und lebenswertes Quartier im Sinne des SDG 11 zu schaffen.

Die Gebrauchsanweisung dient einerseits als Leitfaden für Architekten und Bauherren, andererseits auch als Selbstverpflichtung für die Stadt Hannover bei der Realisierung öffentlicher Räume. Sie ist in mehrere Teile gegliedert und umfasst unter anderem Funktionspläne zu Grün- und Platzflächen, Verkehrsflächen sowie Städtebau. Darüber hinaus enthält sie detaillierte Regelwerke zu Freiraumtypen, Quartiersplätze, Spiel- und Leitbaumkonzepte sowie zu Topografie und Entwässerung. [3]

Ein wesentlicher Rahmenparameter ist zudem, dass alle Gebäude im Quartier nach dem KfW-Effizienzhaus-55-Standard errichtet werden. Dadurch werden sowohl hohe energetische Standards gewährleistet als auch Fördermöglichkeiten eröffnet. Die Umsetzung der einzelnen Bauvorhaben erfolgt durch verschiedene Bauträger und Bauherren, darunter auch zwei Interessensgemeinschaften aus der lokalen Wohnungswirtschaft. Der Praxispartner GWH Wohnungsgesellschaft mbH Hessen ist im Nordareal mit 8 Baufeldern (A1.1, A1.2, A4, A5, A7, A8, A10 und A11) beteiligt. Die Aufgabenstellungen werden in interdisziplinären Planerteams bearbeitet, die jeweils aus Architekten und Landschaftsarchitekten bestehen, um eine hohe fachübergreifende Qualität sicherzustellen.

Die Baufelder befinden sich derzeit in unterschiedlichen Bauphasen: Die Baufelder A1.1 und A1.2 (Abb. 5.3) sind bereits fertiggestellt und vollständig bezogen, während A8 teilweise bezogen ist.

Die Baufelder A4 und A7 befinden sich aktuell noch in der Rohbauphase. Parallel dazu laufen die Arbeiten an der Straßenerschließung sowie an den Außenanlagen, die sukzes-

Abb. 5.3 Innenhof des fertiggestellten Baufeld A1.2. (Eigene Aufnahme)

sive fertiggestellt werden. Ein vollständiger Funktionsplan des gesamten Baugebietes *Kronsberg Süd* befindet sich im Anhang 7 und zeigt die räumliche Verteilung sowie die vorgesehene Nutzung im Quartier.

5.2 Nachhaltigkeits- und Resilienzmaßnahmen im Projekt

Die im Projekt *Kronsberg Süd* vorgesehenen Maßnahmen lassen sich in mehrere Themenbereiche gliedern, die sowohl energetische als auch ökologische, soziale und städtebauliche Aspekte umfassen. Grundlage bildet die im Abschn. 5.1 dargestellte Gebrauchsanweisung, die verbindliche Vorgaben zu Entwurfsprinzipien und Gestaltungsregeln macht und damit die Umsetzung eines nachhaltigen, inklusiven und resilienten Quartiers sicherstellt.

Energie und Gebäude

Um den Energieverbrauch langfristig zu reduzieren und gleichzeitig den ökologischen Fußabdruck des Quartiers zu minimieren, wurden verbindliche Vorgaben für Gebäudehüllen, Dachgestaltung und Materialwahl getroffen.

- KfW-Effizienzhaus-55-Standard als verbindliche Vorgabe für alle Baufelder mit einer unabhängigen Qualitätssicherung (teilweise auch KfW-Effizienzhaus-55-EE-Standard)
- Kombination aus Gründächern, Photovoltaik- und Solarthermieanlagen sowie zusätzlichen Nahwärmeanlagen auf den Gebäudedächern, um Synergien zwischen Energieerzeugung und ökologischer Wirkung (Retention, Kühlung) zu schaffen
- Ergänzend wird das Quartier über eine hybride Fernwärmeversorgung mit zwei bestehenden Heizkraftwerken mit Wärme beliefert [4]

Abb. 5.4 Übergang der Klinkerfassade zur Putzfassade (Eigene Aufnahme)

- Verwendung von Vollstein-Klinkerfassaden (Abb. 5.4) an städtebaulich wichtigen Lagen (z. B. Quartiersplätze, Kattenbrookstrift (Hauptstraße), Landschaftsraum) zur Sicherstellung eines einheitlichen, hochwertigen Erscheinungsbildes [3]

Diese Maßnahmen stärken die ökologische und technische Resilienz, indem sie Energieeffizienz mit Klimaanpassung verknüpfen. Gründächer wirken temperaturausgleichend und entlasten die Kanalisation, während Photovoltaik die Energieautarkie fördert. Auch die Nahwärmeversorgung erhöht die technische Resilienz, indem sie eine verlässliche, von fossilen Energieträgern weitgehend unabhängige Energiequelle bereitstellt. Gleichzeitig leistet sie einen Beitrag zur ökologischen Resilienz, da durch die Nutzung erneuerbarer Energien die Treibhausgasemissionen deutlich gesenkt werden. Auch die robuste Materialwahl des Vollstein-Klinkers unterstützt die Langlebigkeit und Widerstandsfähigkeit der Gebäude. [5]

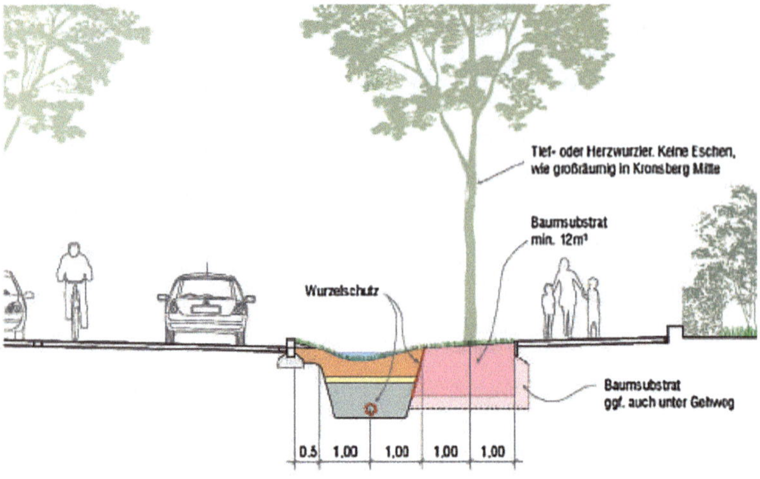

Mulden sind Teil der Straßen-, Platz und Freiraummilieus

Abb. 5.5 Mulden-Rigolensysteme als Teil des Straßen- und Freiraummilieus im gesamten Quartier [3]

Wasser- und Regenwassermanagement

Die Gebrauchsanweisung sieht ein sehr umfassendes Konzept zur nachhaltigen Entwässerung für das Quartier vor.

- Festsetzung einer maximal zulässigen Abflussmenge von 3 l/(s × ha) auf den einzelnen Grundstücken [2]
- Vorgabe, dass ca. 15 % der Baufeldfläche für Versickerungsanlagen vorzuhalten sind
- Umsetzung in Form von Mulden-Rigolensystemen (Abb. 5.5) im öffentlichen Raum und profilierte Rasenmulden in privaten Wohnhöfen
- Integration der Versickerungsflächen in Freiraum- und Spielbereiche, um Mehrfachnutzungen (Regenwasserrückhaltung und Aufenthaltsqualität) zu ermöglichen [3]

Dieses Konzept trägt wesentlich zur klimatischen Resilienz bei, da es auf Extremwetterereignisse wie Starkregen vorbereitet. Gleichzeitig werden soziale Resilienzpotenziale gestärkt, da multifunktionale Flächen eine hohe Aufenthaltsqualität bieten und Begegnungen fördern.

Freiraum und Quartiersstruktur

Die Gestaltung der Freiräume trägt wesentlich zur Aufenthaltsqualität, sozialen Durchmischung und ökologischen Aufwertung des Quartiers bei und spielt damit eine zentrale Rolle bei der Resilienzförderung. Neben ökologischen Funktionen erfüllen Freiräume auch wichtige soziale Aufgaben.

Abb. 5.6 Ausschnitt der Freiraumstruktur und Stadtteilpark mit Spiel- und Aufenthaltsflächen in Kronsberg Süd [3]

- Anlage eines großen, verbindenden Stadtteilparks (Abb. 5.6) als *„Grünes Herz des Wohnquartiers"* zwischen den drei Quartieren mit Spielplätzen, Bewegungsangeboten und Erholungsflächen für alle Altersgruppen [6]
- Einrichtung von Quartiersplätzen als soziale und kulturelle Zentren mit Treffpunkten, kleinteiligem Einzelhandel und Nachbarschaftsnutzung
- Umsetzung eines inklusiven Spielraumkonzepts, das allen Altersgruppen offensteht. Dazu zählen zwei große Spielplatzanlagen auf 7000 m^2 Flächen sowie zusätzliche Spielplatzmöglichkeiten in Wohnhöfen und auf Quartiersplätzen [3, 6]

Der hohe Anteil an Grün- und Spielflächen fördert die soziale und ökologische Resilienz gleichermaßen, indem es das Mikroklima und die Biodiversität sowie die Begegnung und Bewegung fördert. Der Stadtteilpark verbessert das Mikroklima, während Quartiersplätze und Spielräume die soziale Interaktion und Nachbarschaftsbildung stärken – zentrale Faktoren für die Entwicklung eines widerstandsfähigen Quartiers.

Mobilität

Das Mobilitätskonzept ist stark darauf ausgerichtet, den motorisierten Individualverkehr zu reduzieren und alternative, klimafreundliche Verkehrsmittel wie die Nahmobilität zu fördern.

- Das gesamte Quartier ist als Tempo-30-Zone angelegt
- Fuß- und Radverkehr haben Priorität gegenüber dem motorisierten Individualverkehr [2]
- Straßen sind mit breiten Gehwegen und Baumalleen ausgestattet, um sowohl die Aufenthaltsqualität zu erhöhen als auch mikroklimatische Effekte zu erzielen
- Pkw-Stellplätze im nördlichen Areal werden überwiegend in Tiefgaragen nachgewiesen (Stellplatzschlüssel 0,8, bei Townhouses 1,0), wenige öffentliche Stellplätze im Straßenraum, einseitig angeordnet und durch Baumstandorte gegliedert [2]
- Der Radverkehr wird überwiegend auf der Fahrbahn geführt, ergänzt durch eine Fahrradstraße als Verbindung zwischen *Kronsberg Mitte* und der Haltestelle *Messe-Ost*
- Einrichtung von Mobilitätsstationen (ÖPNV, Carsharing, E-Ladepunkte, Fahrradabstellanlagen) insbesondere an der Haltestelle *Messe-Ost* [3]

Die genannten Maßnahmen unterstützen die ökologische und infrastrukturelle Resilienz, indem sie die Abhängigkeiten vom motorisierten Individualverkehr reduzieren und stattdessen klimafreundliche Mobilität priorisieren. Die Einbindung multimodaler Angebote stärkt zudem die Flexibilität der Bewohner in Krisensituationen.

Soziale Infrastruktur
Die Resilienz des Quartiers wird nicht nur durch bauliche und ökologische Maßnahmen, sondern auch durch die soziale Infrastruktur gestärkt. Diese stellt eine Schlüsselrolle für die Resilienz des Quartiers dar, da sie das nachbarschaftliche Zusammenleben und die gesellschaftliche Teilhabe stärkt.

- Integration von Kitas, einer Grundschule und Familienzentren [3]
- Bereitstellung von Verfügungsflächen für die kulturelle und soziale Nutzung, barrierefrei zugänglich und flexibel gestaltbar [3]
- Nutzung der Quartiersplätze als soziale Treffpunkte, die auch für Veranstaltungen und nachbarschaftliche Aktivitäten vorgesehen sind
- Einrichtung eines Quartiermanagements als zentrale Anlaufstelle für Anliegen der Bewohner. Dieses Management organisiert Veranstaltungen und Projekte, die das Miteinander fördern. So werden Verbindungen zwischen den Bewohnern geschaffen und die Stärkung einer lebendigen Nachbarschaft unterstützt. [6]

Die Elemente stärken die soziale Resilienz durch Teilhabe, Begegnung und gemeinschaftliche Aktivitäten. Sie tragen dazu bei, soziale Netzwerke zu bilden, die insbesondere in Krisenfällen (Hitzeperioden, Pandemien) eine wichtige Rolle spielen.

Weitere Regelungen
Neben den großen Themenfeldern enthält die Gebrauchsanweisung weitere Vorgaben, die für die Qualität und Resilienz des Quartiers wichtig sind.

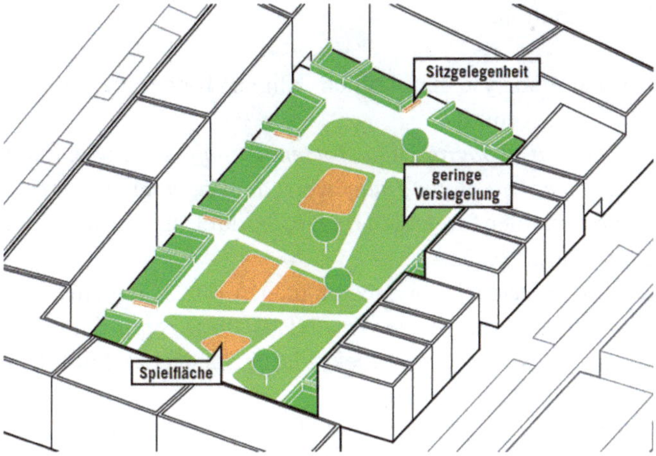

Abb. 5.7 Beispielhafte Darstellung eines Wohnhofes mit Privatgärten, Retentionsflächen und Spiel- und Aneignungsflächen [3]

- Lärmschutzmaßnahmen: Baukörperabschirmungen entlang der Stadtbahnlinie und angrenzender Gewerbeflächen [3]
- Barrierefreiheit: Zugänge zu Höfen und Gebäuden sind möglichst barrierefrei auszuführen [3]
- Partizipation: Durch geplante Bürgerbeteiligungen können Anwohner ihre Ideen und Wünsche aktiv in die Gestaltung (Stadtteilpark) einbringen [7]
- Wohnhöfe (Abb. 5.7): multifunktionale Gestaltung mit Vegetation, Retentionsflächen, Spiel- und Kommunikationsangeboten, Minimierung der Flächenversiegelung [3]

Die aufgelisteten Regelungen sichern die baulich-technische Resilienz durch klare Vorgaben zur Gebäudestruktur, Lärmvorsorge und barrierefreien Zugänglichkeiten. Sie tragen dazu bei, die langfristige Nutzbarkeit und Anpassungsfähigkeit des Quartiers sicherzustellen. Die Partizipation der Bürger stärkt die Transparenz und Identifikation mit dem Quartier und die soziale Resilienz.

Abgleich der Checkliste am Beispiel Hannover *Kronsberg Süd*

Die dargestellten Maßnahmen verdeutlichen, wie Resilienz in den einzelnen Handlungsfeldern auf Quartiersebene verankert werden kann. Um den Praxisbezug zu verdeutlichen und die Übertragbarkeit der entwickelten Checkliste zu überprüfen, wurde diese am Beispiel des Neubauquartiers Hannover *Kronsberg Süd* in Zusammenarbeit mit den Projektbeteiligten (Projektentwicklung und Projektleitung der GWH Bauprojekte GmbH) ausgefüllt. Dadurch lässt sich nachvollziehen, inwieweit die im theoretischen Konzept entwickelten Resilienzmaßnahmen tatsächlich in der Praxis umgesetzt wurden.

LPH 1 – Grundlagenermittlung:

☒ Wurde eine Standortanalyse hinsichtlich Klima, Topografie, Boden, Wasser- und Wärmebelastung durchgeführt?
→ *Standortanalyse mit Topografie und Bodenbeschaffenheit wurde durchgeführt, detailliertere Analyse (Überflutungsnachweis) fand zu einem späteren Zeitpunkt statt*

☐ Sind die relevanten externen Stressoren (Hitze, Starkregen, Sturm, soziale/ökonomische Veränderungen) identifiziert?

☒ Wurden die übergeordneten Rahmenbedingungen (DAS, BauGB, Klimaanpassungspläne sowie kommunale Instrumente wie FNP, B-Plan) geprüft?

☒ Ist die Zielsetzung „Resilienz" im Projekt klar formuliert und mit dem Projektträger/ Eigentümer abgestimmt?

☒ Wurden Anforderungen an soziale und ökologische Standards („Grüner Vertrag",...) frühzeitig in den Projektzielen und Vereinbarung geführt?

☒ Wurde der Bedarf an Nutzungsmischungen (geförderter und freifinanzierter Wohnraum, Kleingewerbe, Bildung, Betreuung) erhoben und in den Projektzielen verankert?

☒ Wurden lokale Akteure und Stakeholder (Kommune, Fachplanungen, Bevölkerung, Naturschutz) frühzeitig eingebunden?

LPH 2 – Vorplanung (Projekt- und Planungsvorbereitung):

☒ Wurden Variantenprüfungen unter Klima- und Resilienzgesichtspunkten durchgeführt?
→ *Klima- und Resilienzpunkte spielten eine eher untergeordnete Rolle (Mit Fenstern (sommerlicher Wärmeschutz), Verschattung und Ausrichtung der Gebäude), Ästhetik stand bei architektonischen Wettbewerben vorrangig bei städtischen Entscheidungen*

☒ Sind städtebauliche Leitbilder wie die *„Stadt der kurzen Wege"* oder die *„15-Minuten-Stadt"* berücksichtigt?
→ *Stadtbahn-Anbindung, Kita, Schule, kleine Gewerbeflächen im Quartier, Anschluss an den grünen Ring der Stadt Hannover (Radweg entlang der Stadtgrenzen), Fahrradstraßen und verkehrsberuhigte Zonen im Quartier*

☒ Gibt es eine erste Strategie für blau-grüne Infrastrukturen (Entsiegelung, Frischluftschneisen, Retentionsräume)?
→ *Verpflichtende Festsetzungen für Retentionsflächen und Regenwasserversickerung, ergänzend Grünzüge, Baumpflanzungen und Anbindung an Landschaftsraum.*

☒ Wurde die Energie- und Wasserversorgung konzeptionell auf dezentrale, resiliente Strukturen geprüft (PV, Solarthermie, Nahwärme)?

☒ Wurde Resilienz in Wettbewerbsunterlagen oder in architektonischen/städtebaulichen Kriterien verankert?

☒ Liegt ein erstes Beteiligungskonzept zur Partizipation der Bevölkerung vor?
→ *Seitens der GWH nicht, Stadt hat die Bevölkerung von Beginn an in die Planung des Quartiers miteingeschlossen, beispielhaft aktuell an der Gestaltung der Spielbereiche*

☒ Sind Nutzungsmischungen im städtebaulichen Konzept berücksichtigt?

LP 3 – Entwurfsplanung:

☐ Sind die Gebäude des Quartiers so angeordnet, dass sie Ventilation, Verschattung und Kühlung ermöglichen?
→ *Nein, allerdings unterstützten die Parkflächen, die Baumpflanzungen und der hohe Grünflächenanteil die Kühlung des Quartiers*

☒ Wurde eine klimafreundliche und widerstandsfähige Baustoffwahl (regional, schadstoffarm, recyclingfähig) getroffen?
→ *Vorgaben zu Materialität schreiben u. a. Klinkerfassaden, schadstoffarme Baustoffe und die Vermeidung von PVC/Tropenholz vor.*

☒ Sind redundante Versorgungswege (Energie, Wasser) eingeplant?
→ *Teilweise, Energie und Wärme sind redundant (Anbindung an das Avacon-Netz, dezentrale Wärmepumpen und PV-Anlagen). Daraus ergibt sich eine hybride, sichere Wärmeversorgung.*

☐ Ist ein Konzept für die Integration von IoT-gestützten Monitoring- und Warnsystemen vorhanden?
→ Kein *Bedarf bei den Gegebenheiten vor Ort.*

☒ Sind soziale Infrastrukturen (Begegnungsflächen, Gemeinschaftsräume, Quartiersplätze und Spielfläche, Nachbarschaftsnetzwerke) im Entwurf vorgesehen?

☒ Gibt es Maßnahmen zur Reduktion von Wärmeinseln (Dach- und Fassadenbegrünung, Wasserflächen, Bäume)?

LPH 4 – Genehmigungsplanung:

☒ Sind die rechtlichen Anforderungen aus dem BauGB (beispielsweise § 1a mit Klimaschutz & Anpassung) erfüllt?

☒ Wurden kommunale Satzungen (zum Beispiel Begrünungspflicht, Regenwasserversickerung) integriert?

☒ Sind Fördermöglichkeiten (Kommunalrichtlinie, KfW, Landesprogramme) geprüft und eingeplant?

LPH 5 – Ausführungsplanung:

☒ Sind technische Details zu Dach- und Fassadenbegrünung, Retentionsanlagen und Verschattung ausgearbeitet?

☒ Wurde eine konkrete Baustoffliste mit ökologischen Kriterien (kein PVC, Tropenholz, schadstoffarme Materialien) erstellt?

☒ Sind Schutzmaßnahmen gegen Extremwetter (Sturmklammern, Rückstauklappen/Hebeanlagen, wasserdichte Kellerfenster) eingeplant?
→ *Neben Retentionsdächern und Rückhaltevolumen sind technische Vorkehrungen wie Rückstauklappen vorgesehen. So wird Rückhaltung des Regenwassers auf den*

Baufeldern garantiert. Ergänzend sorgen Dachbegrünungen für Hitzeschutz und Verdunstungskühlung.

☐ Liegen detaillierte Pläne zur Integration von Smart-Building-Technologien (Sensoren, Steuerungssysteme) vor?
→ *Lediglich ein Lastenmanagement in den Tiefgaragen.*

LPH 6 – Vorbereitung der Vergabe:

☒ Erhalten die Leistungsverzeichnisse Anforderungen zu den zuvor definierten und geforderten Resilienzmaßnahmen (Materialwahl, Begrünung, Energieversorgung)?
☒ Sind Kriterien zu Klimaanpassung in die Ausschreibung aufgenommen? Wurde Resilienz in Vergabekriterien aufgenommen?
☒ Ist die Bauweise so formuliert, dass Qualitätssicherung bei Resilienzmaßnahmen möglich ist?
☒ Wurden die vertraglich vereinbarten sozialen und ökologischen Standards in die Ausschreibungs- und Vertragsunterlagen übernommen?

LPH 7 – Mitwirkung bei der Vergabe:

☒ Wurde die Resilienz-Qualität der Bieter geprüft (ähnliche Projekte mit Referenzen bei der Dachbegrünung, Regenwassermanagement)?
☒ Sind ökologische und resiliente Bauweisen bei der Auftragsvergabe priorisiert worden?
→ *Durch die städtebaulichen Verträge („Grüner Vertrag") und die Gebrauchsanweisung wurden ökologische Standards (Dachbegrünung, nachhaltige Materialien, Regenwassermanagement) verbindlich in die Vergabekriterien aufgenommen.*
☐ Gibt es eine Bewertung der Angebote hinsichtlich Lebenszykluskosten und Resilienz-Nutzen (nicht nur nach Investitionskosten)?

LPH 8 – Objektüberwachung:

☒ Werden Resilienzmaßnahmen während der Bauphase kontrolliert (Ordnungsgemäße Abdichtung, Versickerungsanlagen, …)?
☒ Gibt es eine Qualitätssicherung für Dach- und Fassadenbegrünung, PV-Anlagen, Smart Grids?
☒ Werden soziale Räume (Treffpunkte, Spielplätze, Gemeinschaftsflächen) entsprechend der Planung umgesetzt?
☐ Ist eine enge Zusammenarbeit zwischen Bauleitung, Klimaschutzmanagement und Kommune/Stadt sichergestellt?
→ *Austausch erfolgt, war aber ab einem gewissen Planungsfortschritt eingeschränkt, da viele Vorgaben bereits in der Planung und in den Wettbewerben verbindlich festgelegt wurden. Es werden nur noch Detailfragen besprochen, wie beispielsweise die Fassadenplanung.*

LPH 9 – Objektbetreuung und Dokumentation:

☐ Liegt ein Monitoring-Konzept für Klima- und Resilienzdaten vor (Energieverbrauch, Hitzeentwicklung, Wasserhaushalt)?
→ *Derzeit liegt kein systematisches Monitoring der Klima- und Resilienzdaten vor. Einzelne Aspekte wie der Energieverbrauch und Wärmeschutz werden durch externe Qualitätssicherung geprüft.*

☒ Gibt es ein Wartungskonzept für resiliente Elemente (Gründächer, Retentionsflächen, Smart-Systeme)?

☐ Sind die Bewohner informiert und geschult (Notfallpläne, Nutzung der Gemeinschaftseinrichtungen)?
→ *Bisher nicht umgesetzt. Es gibt zwar ein Quartiersmanagement (u. a. win. eV.), das Partizipation, Nachbarschaft und soziale Angebote organisiert, eine gezielte Schulung der Bewohner zu Notfallplänen oder Resilienzmaßnahmen ist aber nicht Bestandteil.*

☒ Wurde ein Feedback-Prozess eingerichtet (Evaluation, Lessons Learned für weitere Quartiere)?
→ *Nach etwa einem Jahr nach Projektabschluss ist ein Austausch vorgesehen, in dem die Erfahrungen reflektiert und ein Lessons Learned durchgeführt wird. Ziel ist es, Erkenntnisse aus der Bau- aber auch Nutzungsphase für die Weiterentwicklung künftiger Projekte nutzbar zu machen.*

☒ Sind Fördermittelbeantragungen und Verwendungsnachweise dokumentiert?

Die Anwendung der Checkliste in der Praxis zeigt zugleich Abweichungen zwischen Theorie und Realität: Manche Maßnahmen wurden in der Praxis an einem anderen Zeitpunkt im Planungsprozess berücksichtigt als in der Checkliste vorgesehen, andere Aspekte blieben unvollständig oder wurden in angepasster oder reduzierter Form umgesetzt. Gleichzeitig wurde jedoch ein Großteil der vorhergesehenen Maßnahmen tatsächlich im Praxisprojekt realisiert, sodass wesentliche Resilienzstrategien bereits heute erkennbar umgesetzt sind. Diese kritische Gegenüberstellung verdeutlicht, dass die Checkliste nicht nur als geeignetes Planungsinstrument, sondern auch als Reflexions- und Lernhilfe für künftige Projekte genutzt werden kann. Darüber hinaus ermöglichte der Austausch mit den Projektbeteiligten wertvolle Einblicke, die zu gezielten Anpassungen am Prozessschema führten. Auf diese Weise konnte das Modell weiter geschärft und praxisnaher ausgestaltet werden.

Insgesamt zeigt sich, dass das Projekt *Kronsberg Süd* ein sehr umfassendes Maßnahmenpaket vorsieht, das zentrale Dimensionen gebauter Resilienz berücksichtigt. Besonders stark sind die Vorgaben im Bereich Regenwassermanagement, Mobilitätskonzept und Freiraumgestaltung, da sie ökologische und soziale Wirkungen miteinander verbinden. Auch die Integration erneuerbarer Energien und barrierefreier Strukturen verdeutlicht den Anspruch, langfristig tragfähige und inklusive Quartiere zu schaffen.

Darüber hinaus wird deutlich, dass die Maßnahmen in enger Verbindung zu den in Kap. 2 dargestellten Dimensionen der Resilienz stehen: Technisch-ökologische Aspekte wie Energieeffizienz, Gründächer oder Regenwassermanagement stärken die Anpassungsfähigkeit an klimatische Veränderungen, während soziale und infrastrukturelle Elemente wie Quartiersplätze, Mobilitätsangebote oder Bildungs- und Betreuungseinrichtungen die Gemeinschaftsfähigkeit und Handlungsoptionen der Bewohner fördern. Damit zeigt sich, dass *Kronsberg Süd* in besonderer Weise das Zusammenspiel unterschiedlicher Resilienzdimensionen abbildet und somit als Modellfall für eine zukünftige Quartiersentwicklung beispielhaft betrachtet werden kann.

5.3 Chancen und Herausforderungen in der Umsetzung

Die Umsetzung des Projekts *Kronsberg Süd* bringt trotz der klaren Vorgaben der Stadt eine Reihe technischer und sozialer Herausforderungen mit sich. Diese spiegeln sowohl die baulich-planerischen Rahmenbedingungen als auch die Anforderungen an die Integration einer neuen Quartiersgemeinschaft wieder.

Technische Chancen und Herausforderungen

- Energieversorgung: Der Nachweis des KfW-55-EE-Standard wird unter anderem durch den Einsatz von Wärmepumpen und die Anbindung an das hybride Nahwärmenetz der Firma *Avacon Natur* erbracht. Es kombiniert die Wärme zweier bereits bestehender Heizkraftwerke mit dezentralen Luft-Wärmepumpen, die mit gebäudeeigenen Photovoltaikanlagen oder Grünstrom betrieben werden. Ergänzt durch Pufferspeicher wird so ein Anteil von etwa 30 % erneuerbarer Energien erreicht. [4] Die kurzen Leitungswege und die Vielzahl angeschlossener Wohnungen ermöglichen einen günstigen Primärenergiefaktor, was die Erreichung der Effizienzstandards erleichtert.
- Regenwassermanagement: Zwischen technischer Funktion (Versickerung, Retention) und Freiraumgestaltung entstehen Nutzungskonflikte. So ist die Gestaltung der Freiräume durch die erforderlichen Versickerungsflächen eingeschränkt. Die Maßnahmen sind kostenintensiv, leisten aber einen hohen Beitrag zur Klimaanpassung.
- Bauweise und Materialwahl: Vorgaben wie Vollstein-Klinkerfassaden oder Gründächer sichern Qualität und Langlebigkeit, führen aber zu einem erhöhten Planungsaufwand und höheren Kosten. Insbesondere die Detailplanung der Klinkerfassade (Befestigung, Wandstärken) gilt als technisch anspruchsvoll und erfordert eine enge Zusammenarbeit mit spezialisierten Fassadenplanern. Auch architektonische Sonderlösungen aus Wettbewerben stellen zusätzliche Herausforderungen dar, da sie nicht immer mit standardisierten Bauweisen kompatibel sind.
- Mobilität: Der Bau von Tiefgaragen ist kostenintensiv und führt zu versiegelten Flächen. Während im südlichen, später bebauten Baufeld C5 durch eine Änderung der Niedersächsischen Bauordnung eine Reduzierung des Stellplatzschlüssels möglich wurde (mit positiven Effekten für Baukosten und Flächenversiegelung), bestehen in

den nördlichen Baufeldern weiterhin höhere Stellplatzvorgaben, die nach bisherigen Vermietungserfahrungen nicht der tatsächlichen Nachfrage entsprechen.
- Qualitätssicherung: Für jedes Baufeld wird ein externes Fachbüro mit der Prüfung der städtebaulichen Vereinbarungen beauftragt. Dies umfasst Vorgaben zum Wärme- und Schallschutz sowie zur Materialwahl. Die Kosten (ca. 7000 € je Baufeld) liegen bei den Investoren. Diese Maßnahme verlängert die Planungs- und Bauzeit, gewährleistet aber zugleich die Erhaltung der vereinbarten Standards aus dem städtebaulichen Vertrag.

Soziale Chancen und Herausforderungen
- Geförderter Wohnungsbau und soziale Mischung: Der hohe Anteil geförderter Wohnungen ist für die soziale Durchmischung wichtig, birgt aber auch potenzielles Konfliktpotenzial. Außerdem muss der Anspruch auf bezahlbaren Wohnraum mit den hochwertigen ökologischen und architektonischen Vorgaben kombiniert werden. Das gleichzeitige Zuziehen vieler neuer Bewohner (rund 8000 Menschen) macht die Schaffung von Strukturen zur Identifikation mit dem Quartier erforderlich.
- Akzeptanz: Bürgerbeteiligungen fördern Transparenz, können aber auch unterschiedliche Interessen sichtbar machen und Auseinandersetzungen auslösen.
- Quartiersmanagement: Notwendig für die Integration und die Nachbarschaftsbildung, zugleich ist das Quartiersmanagement mit langfristigen, finanziellen und personellen Verpflichtungen verbunden.
- Freiraumnutzung: Hochwertig gestaltete Freiraumflächen erfordern eine intensive Pflege und verursachen Folgekosten.
- Institutionelle Unterstützung: Beispielsweise organisiert der Verein *win e. V.* (Tochter der KSG Hannover GmbH – Bauträger im Quartier) Freizeit- und Bildungsangebote für verschiedene Zielgruppen und fördert Partizipation sowie bürgerschaftliches Engagement, um eine lebendige Nachbarschaft aufzubauen. [8]
- Gemeinschaftsbildung: Ein geplantes Quartiersfest für 2026, unter Einbezug lokaler Vereine, soll als Impuls für nachbarschaftlichen Zusammenhalt dienen.

5.4 Rechtliche und politische Rahmenbedingungen

Die Entwicklung des Quartiers *Kronsberg Süd* war von Beginn an stark politisch gewollt und wurde von der Landeshauptstadt Hannover mit hoher Priorität verfolgt. Bereits das *„Wohnkonzept 2025"* (2013) machte deutlich, dass Hannover mit einem zunehmenden Wohnungsmangel konfrontiert war. Die Bevölkerungszahl stieg, während der Wohnungsneubau seit Jahren rückläufig war. Das Wohnkonzept formulierte daher unmissverständlich: *„Ohne eine deutliche Intensivierung des Wohnungsneubaus wird die erhöhte Nachfrage zukünftig nicht befriedigt werden können."* [1] Vor diesem Hintergrund wurde *Kronsberg Süd* als zentrale Entwicklungsfläche ausgewiesen, um dringend benötigten Wohnraum – insbesondere bezahlbaren – zu schaffen.

Der politische Wille spiegelte sich auch in den Genehmigungsprozessen wider. Diese verliefen vergleichsweise zügig, da das Projekt im Rahmen der wohnungspolitischen Stra-

Abb. 5.8 Ausschnitt des Plakats zur Bürgerbeteiligung Stadtteilpark Kronsberg-Süd Hannover [7]

tegie als Schüsselvorhaben betrachtet wurde. Zwischen Stadtverwaltung und Bauträgern herrschte ein kooperatives Klima, das eine lösungsorientierte Umsetzung erleichterte.

Darüber hinaus wurde ein besonderer Fokus auf die Bürgerbeteiligung gelegt. Neben frühen Informationsveranstaltungen wie *„Kronsrode blüht auf“* (2019) wurden auch zielgruppenspezifische Beteiligungsformate durchgeführt. Bei der Generationen-Beteiligung zum *Stadtteilpark Kronsberg-Süd* (Abb. 5.8) konnten Anwohnende – einschließlich Kinder und Jugendlicher – ihre Vorstellungen zu Spiel-, Sport- und Aufenthaltsflächen einbringen. [7]

Diese Formate trugen nicht nur zur Transparenz bei, sondern förderten auch die Identifikation der Bevölkerung mit dem entstehenden Quartier.

Rechtlich wurde das Projekt durch einen städtebaulichen Vertrag („Grüner Vertrag“) abgesichert. Dieser regelt verbindlich die Nutzung, die architektonische Gestaltung sowie die qualitativen Standards im Bereich Energie, Freiraum und soziale Infrastruktur. Damit stellt er sicher, dass die im Masterplan und in der Gebrauchsanweisung definierten Prinzipien verbindlich eingehalten werden und bildet eine feste Grundlage für die Umsetzung.

Insgesamt zeigt sich, dass die Entwicklung von *Kronsberg Süd* durch ein Zusammenspiel von politischem Willen, rechtlicher Verbindlichkeit und frühzeitiger Bürgerbeteiligung ermöglicht wird. Diese Faktoren haben entscheidend dazu beigetragen, dass das Projekt nicht nur planerisch, sondern auch gestalterisch breit getragen wird.

5.5 Übertragbarkeit und Handlungsempfehlungen

Ausgangspunkt dieser Arbeit war die Entwicklung eines prozessbasierten Ansatzes zur Verankerung von Resilienz in der Quartiersplanung und die kritische Überprüfung seiner Anwendbarkeit anhand eines realen Projekts. Im Rückgriff auf das in Abschn. 4.6 entwickelte Prozessschema zeigte sich jedoch, dass sich dieses aufgrund der Langwierigkeit und Komplexität des Projekts in Hannover nicht unmittelbar auf den laufenden Entwicklungsprozess übertragen ließ. Gleichwohl konnte mit der in Abschn. 4.6 ergänzend erarbeiteten Checkliste ein praxisnahes Instrument geschaffen werden, das sich auch in der Realität anwenden lässt. Die Untersuchung der umgesetzten Maßnahmen in Verbindung mit der ausgefüllten Checkliste macht deutlich, dass ein Großteil der theoretisch formulierten Kriterien in der Praxis bereits teils oder vollständig Berücksichtigung finden. Dazu zählen insbesondere die verbindlichen Vorgaben der Stadt Hannover, die enge Begleitung der Architektenwettbewerbe sowie die hohe Qualitätssicherung in Bezug auf Materialwahl, Freiraumgestaltung und Mobilitätskonzepte. Nach Einschätzung der Beteiligten waren die strikten Vorgaben aus Sicht der Stadt bei einem Projekt dieser Größenordnung unverzichtbar, um eine einheitliche und hochwertige Umsetzung sicherzustellen. Besonders deutlich wurde, dass ohne diese Vorgaben das Quartier in seiner endgültigen Ausführung deutlich einfacher ausgefallen wäre – etwa mit Asphaltstraßen anstelle von Klinkerbelägen oder ohne die verpflichtende Klinkerfassade. Die Stadt hat mit dieser Festsetzung eine hohe städtebauliche und architektonische Qualität gesichert, gleichzeitig jedoch auch erhöhte Baukosten verursacht, insbesondere im Endausbau mit Naturmaterialien und im Bereich der Außenanlagen.

Als weitere Stärke wurde die Mikrolage hervorgehoben: Die direkte Lage am Landschaftsraum sowie die Anlage von Grün- und Freiflächen verbessern das Mikroklima und tragen zur hohen Aufenthaltsqualität bei. Auch die Anpassung des Stellplatzschlüssels in der Niedersächsischen Bauordnung wurde als positiv bewertet, da dadurch Baukosten und Flächenversiegelung reduziert und alternative Mobilitätskonzepte gestärkt werden.

Gleichzeitig wurden aber auch Herausforderungen deutlich: Für Trade-Developer sind die hohen Anforderungen an Materialien und Freiraumqualität nur schwer finanzierbar. Zudem war die Umsetzung mancher Detailvorgaben aus Sicht der Projektleitung zu streng, auch wenn das Grundkonzept als gelungen bewertet wurde. Insgesamt wurde betont, dass die enge und konstruktive Zusammenarbeit mit der Stadt Hannover ein wesentlicher Erfolgsfaktor war und auch für zukünftige Projekte als Vorbild dienen soll.

Eine offene Frage bleibt: Wie werden die Materialien und Qualitäten des Quartiers langfristig von den Bewohnern angenommen? Da sich das Quartier noch in der Bauphase befindet, kann die tatsächliche Nutzung der Grünanlagen, Freiräume und Mobilitätsangebote erst in den kommenden Jahren abschließend bewertet werden. Eine Evaluation der Bedürfnisse und Präferenzen der Mieter ist deshalb ein wichtiger Schritt für die Weiterentwicklung zukünftiger Projekte.

Aus der Gegenüberstellung von Theorie und Praxis ergeben sich mehrere Handlungsempfehlungen:

1. Frühzeitige Integration: Resilienzanforderungen sollten verbindlich in städtebauliche Verträge, B-Pläne und Wettbewerbsunterlagen aufgenommen werden, um von Beginn an klare Rahmenbedingungen zu setzen.
2. Fokus auf frühe Leistungsphase: Die Anwendung der Checkliste zeigt, dass insbesondere in den frühen Leistungsphasen (LPH 0–4) die entscheidenden Weichen gestellt werden. Wenn Resilienzmaßnahmen hier vernachlässigt werden, entstehen in späteren Phasen höhere Kosten und Qualitätsverluste.
3. Ausgleich von Qualität und Wirtschaftlichkeit: Hohe Ausführungs- und Qualitätsstandards müssen mit wirtschaftlicher Tragfähigkeit in Einklang gebracht werden. Dafür sind transparente Kosten-Nutzen-Abwägungen und eine frühzeitige Einbindung der Projektbeteiligten notwendig.
4. Lernprozesse institutionalisieren: Resilienz sollte nicht nur während der Planung, sondern auch nach Fertigstellung evaluiert werden. Regelmäßige Lessons Learned-Prozesse ermöglichen es, Erfahrungen aus gebauten Quartieren in zukünftige Projekte zurückzuführen.

Für die Übertragbarkeit bedeutet dies, dass der hier erarbeitete Analyse- und Konzeptansatz insbesondere auf andere Neubauquartiere in Deutschland übertragbar ist. Vergleichbare Rahmenbedingungen – etwa die Entwicklung neuer Wohnquartiere mit Nutzungsmix, hohe Anforderungen an Klimaanpassung und städtebauliche Qualität sowie eine enge kommunale Steuerung – schaffen ähnliche Voraussetzungen wie im Fall *Kronsberg Süd*. Je nach lokalem Kontext können dabei Anpassungen notwendig werden, beispielsweise in Bezug auf klimatische Ausgangsbedingungen, kommunale Regelwerke oder verfügbare Förderinstrumente. Grundsätzlich zeigt sich jedoch, dass das entwickelte Vorgehen einen praxisnahen Orientierungsrahmen bietet, der sich auf andere Standorte anwenden lässt und dort die systematische Integration von Resilienzmaßnahmen unterstützt.

Literatur

1. Hannover.de: Wohnkonzept 2025, 2013.
2. Interne Quelle: GWH Wohnungsgesellschaft mbH Hessen und PHI Kronsrode GmbH. Hannover Kronsberg Süd – Auslobung 12/2019.
3. Landeshauptstadt Hannover: Gebrauchsanweisung Stadterweiterung Kronsberg Süd, 2017
4. Avacon Natur GmbH: Wohnquartier Kronsberg, Hybride Wärmeversorgung in Hannover-Kronsberg, https://www.avacon-natur.de/de/wohnquartiere/Kronsberg.html, 03.09.2025.

5. Deutsches Institut für Urbanistik gGmbH (Difu): Praxisratgeber Klimagerechtes Bauen, Mehr Sicherheit und Wohnqualität bei Neubau und Sanierung, Köln, 2017.
6. Verlagsgesellschaft Madsack GmbH & Co. KG: Kronsrode Magazin, Ausgabe 2, Verlagsgesellschaft Madsack GmbH & Co. KG, Hannover, 2025.
7. Hannover.de: Stadtteilpark Kronsberg-Süd: Generationen-Beteiligung, https://www.Hannover.de/Leben-in-der-Region-Hannover/Verwaltungen-Kommunen/Die-Verwaltung-der-Landeshauptstadt-Hannover/Dezernate-und-Fachbereiche-der-LHH/Wirtschaft-und-Umwelt/Fachbereich-Umwelt-und-Stadtgrün/Aktuelle-Informationenaus-dem-Fachbereich/Stadtteilpark-Kronsberg-Süd/Stadtteilpark-Kronsberg-Süd-Generationen-Beteiligung, 03.09.2025.
8. win e. V.: Wohnen in Nachbarschaften bei der KSG Hannover GmbH. Unsere Angebotein Kronsrode, https://win-e-v.de/kronsberg/unsere-angebote/am 03.09.2025.

Fazit und Ausblick 6

6.1 Zusammenfassung der zentralen Ergebnisse

Die vorliegende Arbeit befasste sich mit der Frage, wie Resilienz systematisch in die Quartiersentwicklung integriert werden kann und welche Instrumente, Maßnahmen und Prozesse hierzu geeignet sind. Ausgangspunkt war die Feststellung, dass klassische Nachhaltigkeitskonzepte zwar wichtige Impulse liefern, jedoch häufig nicht ausreichen, um die wachsenden Unsicherheiten durch den Klimawandel, sozioökonomische Veränderungen und technische Abhängigkeiten adäquat zu adressieren. Resilienz wurde daher als ein dynamisches Konzept verstanden, das über die bloße Schadensbegrenzung hinausgeht und die Fähigkeit von Quartieren erfasst, sich an veränderte Rahmenbedingungen anzupassen und dabei langfristig funktionsfähig zu bleiben.

Die theoretische Analyse (Kap. 2 und 3) zeigte, dass Resilienz in der gebauten Umwelt mehrdimensional zu begreifen ist: Sie umfasst physisch-technische, ökologische und soziale Dimensionen, die nur im Zusammenspiel ihre volle Wirkung entfalten können. Auf der Quartiersebene wurde deutlich, dass gerade hier vielfältige Maßnahmen gebündelt werden können, die unmittelbar auf die Lebensqualität der Bewohner wirken.

Die konzeptionelle Ausarbeitung (Kap. 4) führte zu einem integrativen Maßnahmenkatalog mit der konkreten Darstellung von Einzelmaßnahmen sowie zur Entwicklung eines Prozessmodells, das entlang der HOAI-Leistungsphasen aufzeigt, wie Resilienz nicht als Add-on, sondern als Querschnittsaufgabe in allen Phasen verankert werden kann. Dieses Modell stellt einen praxisnahen Orientierungsrahmen dar, der Verantwortlichkeiten, Rückkopplungsschleifen und Handlungsfelder systematisch abbildet. Es wurde so entworfen, dass Planer, Kommunen und Projektentwickler gleichermaßen von einer strukturierten Herangehensweise profitieren können.

M. Höfling, *Resilienz in der Baubranche*, Entwicklung neuer Ansätze zum nachhaltigen Planen und Bauen, https://doi.org/10.1007/978-3-658-51581-2_6

Die praktische Analyse am Beispiel des Quartiers *Kronsberg Süd* in Hannover (Kap. 5) verdeutlichte schließlich, dass viele Elemente resilienter Quartiersentwicklung bereits heute in der Umsetzung verankert sind – etwa durch Regenwassermanagement, grünblaue Infrastruktur, sozialräumliche Maßnahmen oder ein nachhaltiges Mobilitätskonzept.

Insgesamt lässt sich feststellen, dass Resilienz in der Quartiersentwicklung nur durch die Verbindung und das Zusammenspiel von baulichen, technologischen, ökologischen und sozialen Aspekten erfolgreich umgesetzt werden kann. Der Schlüssel liegt weniger in isolierten Einzelmaßnahmen, sondern in einem strukturellen Vorgehen, wie es das in dieser Arbeit entwickelte Prozessmodell beschreibt.

6.2 Reflexion der Zielsetzung

Die zu Beginn formulierte Zielsetzung dieser Arbeit bestand darin, ein prozessbasiertes Konzept für die Integration von Resilienz in die Quartiersentwicklung herauszuarbeiten und dessen Anwendbarkeit am Beispiel eines realen Projekts kritisch zu reflektieren. Ergänzend wurde ein Kriterienkatalog erstellt, der beispielhafte Maßnahmen und Verantwortlichkeiten aufzeigt, um sowohl bauliche als auch organisatorische Aspekte praxisnah darzustellen.

Die Arbeit konnte diese Zielsetzung in wesentlichen Punkten erreichen. Durch die theoretische Aufarbeitung der Resilienzdimensionen und die Analyse des aktuellen Forschungsstandes wurde eine fundierte Grundlage geschaffen, auf deren Basis das Prozessmodell entwickelt werden konnte. Dieses Modell verdeutlicht, wie Resilienz als Querschnittsaufgabe nicht nur in einzelnen Handlungsfeldern, sondern systematisch über alle Leistungsphasen hinweg verankert werden kann. Es zeigt auf, welche Akteure in welchen Phasen beteiligt werden müssen, welche Schritte und Abstimmungen notwendig sind und wie Resilienzmaßnahmen verbindlich in Planung, Genehmigung, Ausführung und Betrieb integriert werden können.

Der ergänzende Kriterienkatalog stellt zudem sicher, dass die theoretischen Prinzipien in konkrete Maßnahmen übersetzt werden. Er bietet Planern und Kommunen eine praxisnahe Orientierung, wie die abstrakten Anforderungen an Resilienz in operative Planungsschritte und Verantwortlichkeiten überführt werden können. Damit trägt diese Arbeit dazu bei, das abstrakte Konzept der Resilienz greifbarer und in der Baupraxis – speziell in Quartieren – anwendbar zu machen.

Der Praxisbezug durch die Analyse des Projekts *Kronsberg Süd* in Hannover bestätigte, dass die theoretisch entwickelten Ansätze in vielen Bereichen Anschluss an die Realität finden. Gleichzeitig wurde sichtbar, dass sowohl die wirtschaftliche Tragfähigkeit als auch technische Detailfragen Herausforderungen darstellen, die über das entwickelte Modell hinausgehen. Dennoch zeigt die Gegenüberstellung, dass das Prozessmodell geeignet ist, als übertragbares Handlungskonzept für die Quartiersentwicklung zu dienen und damit den eingangs formulierten Anspruch der Arbeit erfüllt.

Es lässt sich festhalten, dass die Zielsetzung erreicht wurde: Es liegt nun ein praxistauglicher, strukturierter Ansatz zur resilienten Quartiersplanung vor, der sowohl wissenschaftlich fundiert als auch praktisch anschlussfähig ist.

6.3 Eingrenzung und Ausblick auf weiterführende Fragestellungen

Die Arbeit konzentrierte sich bewusst auf den Wohnungsneubau im städtischen Kontext und blendete bestehende Siedlungsstrukturen sowie damit einhergehende Nachrüst- und Sanierungsmaßnahmen im Gebäudebestand weitgehend aus. Ebenso wurde die Betrachtung auf die Quartiersebene beschränkt, während Einzelgebäude- oder Stadtteilebenen nicht vertieft analysiert wurden. Der Fokus lag auf präventiven Maßnahmen, weshalb Reparatur- oder Notfallmanagement nach dem Eintritt von Schäden explizit nicht Gegenstand der Untersuchung waren. Zudem erfolgte die Bearbeitung im rechtlichen und planerischen Kontext Deutschlands, sodass internationale Beispiele nicht berücksichtigt wurden.

Auch versteht sich diese Arbeit als konzeptioneller Beitrag zur Integration von Resilienz in die Quartiersplanung. Betrachtet wurde ein fiktives Neubauquartier mit Nutzungsmix, gebäudebezogene Detailplanungen oder Bestandsquartiere waren nicht Gegenstand. Die beiden Konkretisierungen im Abschn. 4.3 zu Gebäudeautomation und Bauweisen zeigen exemplarisch die Detailtiefe möglicher Maßnahmen. Eine vollständige Ausarbeitung aller Handlungsfelder hätte den Rahmen dieser Arbeit überschritten.

Diese Eingrenzung waren notwendig, um ein klares, bearbeitbares Themenfeld abzugrenzen und das zentrale Ziel der Arbeit – die Entwicklung eines übertragbaren Prozessmodells – stringent verfolgen zu können. Zugleich ergeben sich daraus interessante Ansatzpunkte für weiterführende Arbeiten:

- Finanzierbarkeit: Ein zentrales Feld weiterer Forschung betrifft die ökonomische Bewertung resilienter Quartiersentwicklung. Für Investoren ist die Mitfinanzierung von Resilienzmaßnahmen aktuell noch schwer darstellbar. Hier könnten Lebenszyklusanalysen und Ökobilanzierungen oder Vergleiche zwischen Mehrkosten in der Planung und Bauausführung und den langfristigen Einsparungen durch vermiedene Schäden wertvolle Grundlagen bieten.
- Sanierung und Bestandsquartiere: Die Übertragung des Prozessmodells auf bestehende Quartiere, in denen bauliche, technische und soziale Strukturen bereits vorhanden sind, stellt eine besondere Herausforderung dar. Somit könnte im Gebäudebestand untersucht werden, wie Resilienzstrategien unter eingeschränkten räumlichen und finanziellen Spielräumen umgesetzt werden können.
- Kleinere Kommunen: Gerade für kleinere Kommunen stellen Resilienzstrategien eine große Herausforderung dar. Häufig fehlt es an personellen Ressourcen, fachlichem Know-How oder finanziellen Mitteln, um entsprechende Konzepte systematisch umzusetzen. Hier wäre ein wichtiges Forschungs- und Praxisfeld, ein spezielles,

kommunenorientiertes Prozessmodell zu entwickeln, das die besonderen Rahmenbedingungen der öffentlichen Hand berücksichtigt und standardisierte Unterstützung für Kommunen bietet.

- Kurative Maßnahmen: Während hier präventive Ansätze im Vordergrund standen, wäre es spannend zu erforschen, wie Notfall- und Reparaturkonzepte in ein gesamtstrategisches Resilienzmodell integriert werden können. Damit ließe sich die Brücke zwischen präventiver Planung und akuter Krisenbewältigung schlagen.
- Internationale Projekte: Die Arbeit fokussierte sich auf Projekte in Deutschland. Ein internationaler Vergleich – etwa mit Schwammstadt-Konzepten in Asien oder Küstenresilienz-Programme in den USA – könnten zusätzliche Erkenntnisse zu übertragbaren Strategien und kulturell-unterschiedlichen Planungsansätze liefern.
- Weitere Maßstabsebenen: Die hier gewählte Quartiersebene biete eine gute Schnittstelle zwischen Stadtplanung und der alltäglichen Lebens- und wohnpraxis der Bewohner. Für künftige Arbeiten wäre es jedoch lohnend, auch die Stadtteilebene (mit größeren infrastrukturellen Zusammenhängen) oder die Gebäudeebene (Detailplanung, Materialfragen) systematisch einzubeziehen.
- Langfristiger Betrieb: Schließlich wurde die Phase der Objektbetreuung (LPH 9) zwar im Prozessmodell berücksichtigt, konnte aber im Rahmen dieser Arbeit nicht empirisch untersucht werden. Eine längerfristige Begleitforschung zu bereits realisierten Projekten könnte aufzeigen, wie sich Resilienzstrategien über Jahre hinweg bewähren und anpassen lassen.

Damit ergeben sich zahlreiche Anschlussmöglichkeiten, die über die hier gewählte Eingrenzung hinaus gehen. Sie eröffnen Raum für vertiefende Forschungsarbeiten und praxisnahe Studien, die das Verständnis von Resilienz in der Quartiersentwicklung weiter differenzieren und erweitern können.

6.4 Forschungsperspektiven und zukünftige Entwicklungen

Die Diskussion um Resilienz in der Quartiersentwicklung steht erst am Anfang. In den kommenden Jahren zeichnen sich mehrere Entwicklungslinien ab:

1. Institutionalisierung von Resilienz in Planung und Baurecht:
   Es ist absehbar, dass Resilienzanforderungen stärker in Baugesetzte, Normen und Förderprogramme integriert werden. Erste Ansätze wie die Klimaschutzklausel im BauGB oder kommunale Satzungen deuten dies an. Künftig könnten verbindliche Resilienzkriterien in Bauleitplänen oder Vergabeverfahren zum Standard werden.
2. Digitalisierung und Monitoring:
   Technologische Innovationen – etwa IoT-basierte Steuerungssysteme oder KI-gestützte Simulationen – eröffnen neue Möglichkeiten, Resilienzmaßnahmen zu planen, zu überwachen und dynamisch anzupassen.

3. Soziale Dimension:
   Die Akzeptanz und Mitgestaltung durch die Bewohner bleibt entscheidend. Forschungsperspektiven liegen darin, partizipative Formate weiterzuentwickeln und herauszufinden, wie soziale Netzwerke Resilienz tatsächlich im Alltag stärken. Auch Fragen der Kooperation zwischen Kommunen, Wohnungswirtschaft und Zivilgesellschaft werden zunehmend relevant.
4. Ökonomische Tragfähigkeit:
   Eine zentrale Herausforderung bleibt die Finanzierung. Hier ist die Forschung gefragt, die innovative Finanzierungssysteme untersucht und deren Übertragbarkeit auf die Quartiersentwicklung prüft.
5. Klimawandel als dynamischer Rahmen:
   Da sich die klimatischen Bedingungen kontinuierlich verändern, muss auch die Resilienzforschung dynamisch bleiben. Szenarien zur Zunahme von Extremwetter, Migration oder Ressourcenknappheit werden künftig stärker in die Quartiersplanung integriert werden müssen.

Insgesamt zeigt sich, dass sich das Thema der Resilienz zu einem festen Bestandteil der Stadt- und Quartiersentwicklung etabliert hat. Künftig gilt es, diesen Ansatz weiter auszubauen und zu vertiefen. Der in dieser Arbeit entwickelte Ansatz kann hierbei als Grundlage dienen, muss aber kontinuierlich an neue Erkenntnisse, technologische Entwicklungen und gesellschaftliche Anforderungen angepasst werden. Damit bestätigt sich auch die anfängliche Einschätzung von *Rainer Bomba* (2010), dass die Zukunftsfähigkeit unserer Städte wesentlich von *„ihrer vorausschauenden Anpassung an den Klimawandel“* abhängt [1].

Literatur

1. Landeshauptstadt Hannover, Wirtschafts- und Umweltdezernat, Fachbereich Umweltschutz und Stadtgrün, Bereich Umweltschutz: Leben mit dem Klimawandel, Hannover passt sich an, Anpassungsstrategien und Maßnahmenprogramm 2012–2016, Schriftenreihe kommunaler Umweltschutz – Heft 53, 2. Geänderte Auflage, 2017.

Anhang

Anhang 1

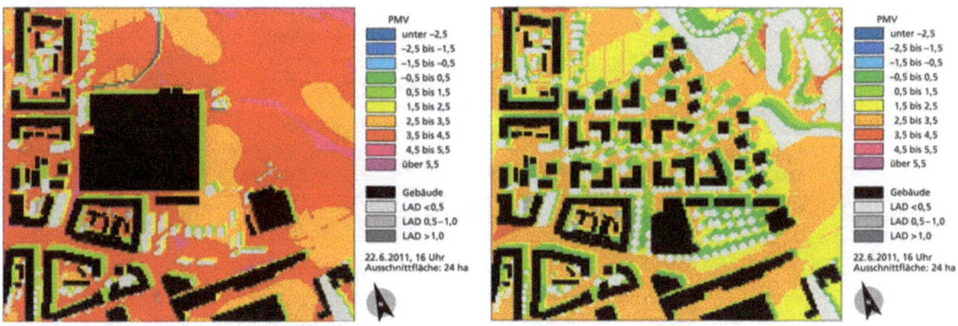

Abb. A1 Vergleich der thermischen Belastung im Stadtraum – konventioneller Zustand versus klimaangepasste Planung (Brasseur, G., Jacob, D., Schuck-Zöller, S., Klimawandel in Deutschland, Entwicklung, Folgen, Risiken und Perspektiven, Springer Spektrum, Berlin und Heidelberg, 2017.)

Die beiden Karten in der Abb. A1 zeigen modellierte Tagessituationen der menschlichen Wärmebelastung an einem Hitzetag unter Verwendung des PMV-Index [„Predict Mean Vote"] – einem Maß für thermische Behaglichkeit im Freiraum. Abgebildet ist ein 24 ha großer städtischer Ausschnitt, wobei links der Ist-Zustand mit dichter Bebauung und hohen Versiegelungsanteilen, rechts ein klimaangepasster Planungszustand mit aufgelockerter, begrünter Wohnbebauung simuliert wurde. Im konventionell bebauten Zustand (linke Karte) dominieren intensive Rottöne mit PMV-Werten über 3,5 – sie weisen auf starke thermische Belastungen für den Menschen hin. Diese entstehen durch dichte Versiegelung, fehlende Vegetation, Wärmespeicherung durch Materialien sowie mangelnde Luftzirkulation – typische Merkmale des städtischen Wärmeinseleffekts, der vor allem bei windarmen Hochdrucklagen besonders stark ausgeprägt ist.[1]

[1] ebd.

M. Höfling, *Resilienz in der Baubranche*, Entwicklung neuer Ansätze zum nachhaltigen Planen und Bauen, https://doi.org/10.1007/978-3-658-51581-2

Im klimaangepassten Planungszustand (rechte Karte) zeigt sich hingegen eine deutlich verbesserte thermische Situation. Großflächig treten niedrigere PMV-Werte aus (gelb bis grün), die auf eine wirksamere Kühlung durch Begrünung, Entsiegelung, lockere Bebauungsstruktur und Frischluftschneisen zurückzuführen sind. Dieser Vergleich veranschaulicht den Effekt gezielter Anpassungsmaßnahmen auf das Stadtklima – Maßnahmen, die heute unter dem Begriff der Klimaanpassung zunehmend als integraler Bestandteil nachhaltiger Stadtplanung verstanden werden.[2]

Anhang 2

THEMENFELD	KRITERIENGRUPPE	KRITERIENBEZEICHNUNG
ÖKOLOGISCHE QUALITÄT (ENV)	WIRKUNGEN AUF GLOBALE UND LOKALE UMWELT (ENV1)	**ENV1.1** Ökobilanz
		ENV1.2 Schad- und Risikostoffe
		ENV1.5 Stadtklima – Mesoklima
	RESSOURCEN-INANSPRUCHNAHME (ENV2)	**ENV2.2** Wasserkreislaufsysteme
		ENV2.3 Flächeninanspruchnahme
		ENV2.4 Biodiversität
ÖKONOMISCHE QUALITÄT (ECO)	LEBENSZYKLUSKOSTEN (ECO1)	**ECO1.1** Lebenszykluskosten
	WERTENTWICKLUNG (ECO2)	**ECO2.1** Resilienz und Wandlungsfähigkeit
		ECO2.3 Flächeneffizienz
		ECO2.4 Wertstabilität
		ECO2.5 Umweltrisiken
SOZIOKULTURELLE UND FUNKTIONALE QUALITÄT (SOC)	GESUNDHEIT, BEHAGLICHKEIT UND NUTZERZUFRIEDENHEIT (SOC1)	**SOC1.1** Mikroklima – Thermischer Komfort im Freiraum
		SOC1.6 Freiraum
		SOC1.8 Arbeitsplatzkomfort
		SOC1.9 Emissionen / Immissionen
	FUNKTIONALITÄT (SOC2)	**SOC2.1** Barrierefreiheit
	SOZIOKUKLTURELLE QUALITÄT (SOC3)	**SOC3.1** Städtebau
		SOC3.2 Soziale und funktionale Mischung
		SOC3.3 Soziale und erwerbswirtschaftliche Infrastruktur

Abb. A2 DGNB GmbH, Kriterienkatalog Quartiere, 2020

[2] Brasseur, G., Jacob, D., Schuck-Zöller, S., Klimawandel in Deutschland, Entwicklung, Folgen, Risiken und Perspektiven, Springer Spektrum, Berlin und Heidelberg, 2017.

THEMENFELD	KRITERIENGRUPPE	KRITERIENBEZEICHNUNG	
TECHNISCHE QUALITÄT (TEC)	TECHNISCHE INFASTRUKTUR (TEC2)	**TEC2.1**	Energieinfrastruktur
		TEC2.2	Wertstoffmanagement
		TEC2.4	Smart Infrastructure
	MOBILITÄT (TEC3)	**TEC3.1**	Mobilitätsinfrastruktur – Motorisierter Verkehr
		TEC3.2	Mobilitätsinfrastruktur – Nichtmotorisierter Verkehr
PROZESS-QUALITÄT (PRO)	QUALITÄT DER PLANUNG (PRO1)	**PRO1.2**	Integrale Planung
		PRO1.7	Partizipation
		PRO1.8	Projektmanagement
		PRO1.9	Governance
		PRO1.10	Sicherheitskonzepte
	QUALITÄT DER BAUAUSFÜHRUNG (PRO2)	**PRO2.1**	Baustelle / Bauprozess
	QUALITÄTSSICHERUNG IN DER NUTZUNGSPHASE (PRO3)	**PRO3.5**	Qualitätssicherung und Monitoring

Abb. A3 DGNB GmbH, Kriterienkatalog Quartiere, 2020

Anhang 3

Das Wohnquartier *Herzkamp* wurde auf Grundlage von 20 konkreten Maßnahmen entwickelt, die gezielt auf die Herausforderungen des Klimawandels sowie auf Prinzipien nachhaltiger Stadtentwicklung eingehen. Die Abbildung verdeutlicht diese Maßnahmen anhand einer Übersichtsgrafik:

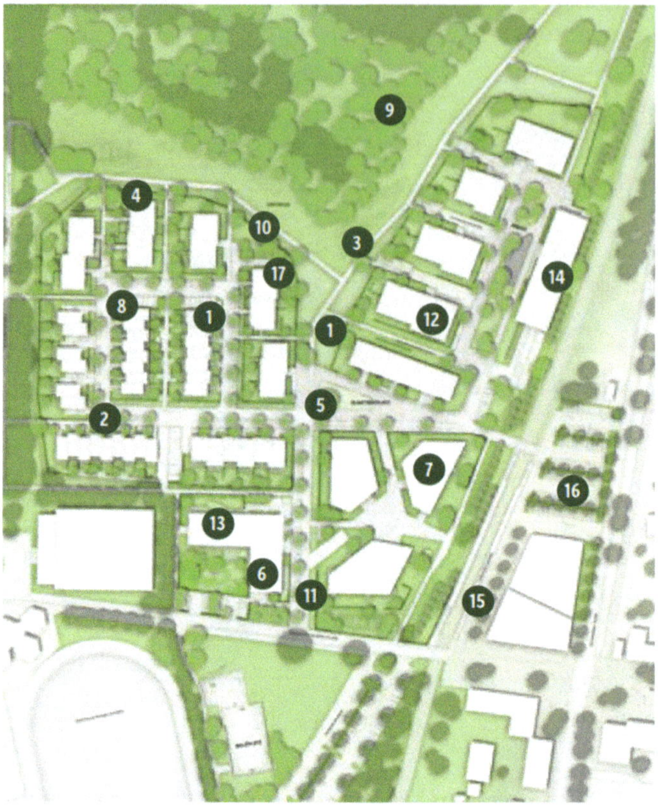

Abb. A4 Übersichtsplan des Quartier Herzkamp, Hannover (Kanning, H., et al., Das KlimaWohL-Prinzip. Praxisleitfaden. sustainify Tools und Texte, 1, Hannover, 2020.)

1. *Kaltluftleitbahnen*
   Ein zentrales Element bildet die gezielte Freihaltung von drei Kaltluftbahnen, die durch die bauliche Anordnung der Gebäude gesichert werden, um die natürliche nächtliche Frischluftzufuhr zu erhalten.
2. *Straßenbäume*
   Diese Kaltluftleitbahnen werden durch das gezielte Pflanzen trockenheits- und hitzeresistenter Baumarten entlang der Straßenbäume ergänzt, die einen lokalen Ursprung haben und zur Verschattung sowie Verdunstungskühlung beitragen.
3. *Regenwasserkonzept*
   Ein weiterer Schwerpunkt liegt auf dem dezentralen Regenwassermanagement im Quartier. Dabei orientierten sich alle Höhen- und Geländevorgaben an wasserwirtschaftlichen Vorgaben. Oberflächenwasser wird nicht in die Kanalisation geleitet, sondern in flach geneigte Mulden auf privaten wie öffentlichen Flächen versickert.

4. *Schutzwall*
   Der Schutz der Retentionsräume wird durch einen eigens aufgeschütteten Erdwall sichergestellt, der aus dem beim Aushub gewonnenen Oberboden geformt wurde und später für die Widerverwendung in Gärten und Grünflächen dient.
5. *Quartiersplatz*
   Auch auf dem zentralen Quartiersplatz zeigt sich der Anspruch an die Klimaanpassung: Schattenspendende Baumbepflanzung, helle Bodenbeläge sowie ein integriertes Wasserspiel schaffen selbst an heißen Tagen einen angenehmen Aufenthaltsort. Schilfpflanzen am Rand unterstützen zusätzlich die Verdunstungskühlung.
6. *Dachbegrünung*
   Ergänzt wird das Freiraumkonzept durch extensive Dachbegrünung auf allen Gebäuden. Besonders hervorzuheben ist dabei das Retentionsdach in der Kindertagesstätte, das Regenwasser zwischenspeichert und bei Trockenheit zur Pflanzenversorgung beiträgt.
7. *Klimaangepasste Bauweise*
   Die Gebäude selbst folgen ebenfalls einem klimaangepassten Konzept. Mit hellen Fassadenfarben, reduziertem Glasanteil und baulichem Sonnenschutz wird sommerlicher Überhitzung entgegengewirkt. Zusätzlich wurde teilweise eine Fassadenbegrünung realisiert.
8. *Unterflursystem für Müll*
   Um auch infrastrukturell klimatauglich zu bleiben, wurde ein innovatives Müllentsorgungssystem eingeführt: Unterflurcontainer für verschiedene Abfallarten reduzieren die Geruchsentwicklung an heißen Tagen.
9. *Waldsaum*
   Der angrenzende Waldrand wurde ökologisch aufgewertet: Alte illegale Eingriffe wurden rückgebaut und ein Waldsaum mit widerstandsfähigen heimischen Arten aufgeforstet.
10. *Vorsorgender Bodenschutz*
    Der ökologisch wertvolle Oberboden wurde systematisch aufgenommen, gelagert oder andernorts weiterverwendet. Während der Bauphase wurde darauf geachtet, Verdichtung zu vermeiden – etwa durch frühzeitiges Anlegen und Absichern von Versickerungsmulden sowie die Trassenführung der Baustraße entlang künftiger Erschließungswege.
11. *Igellaufwege*
    Auch Maßnahmen zur Biodiversität wurden berücksichtig: Spezielle Durchlässe in den Gartenzäunen erlauben Igeln die Durchquerung der Hausgärten und schaffen so neue Rückzugsräume für Wildtiere.
12. *KfW-40-plus Häuser*
    Die Wohngebäude wurden teilweise im besonders energieeffizienten KfW-40-plus-Standard errichtet. Sie nutzen Erdwärme und kombinieren Photovoltaik- mit Solarthermie auf den Dächern.

13. *Blockkraftheizwerk mit Solarthermie*
    Darüber hinaus versorgt ein Blockheizkraftwerk im Keller der Kita – ergänzt durch solarthermische Technik – mehrere Baufelder über ein Nahwärmenetz.
14. *Parkpalette*
    Auch das Parkhauskonzept wurde nachhaltig gedacht: Zwei Parkebenen und eine gegrünte Fassade schaffen Platz ohne zusätzliche Bodenversiegelung. Eine Photovoltaikanlage auf dem Dach soll die Energieeffizienz weiter steigern.
15. *Stadtbahnhaltestelle*
    Zur Förderung nachhaltiger Mobilität wurde die benachbarte Stadtbahnhaltestelle näher an den Quartiersplatz herangerückt, sodass ein direkter Fußweg ins Quartier entsteht.
16. *Carsharing-Plätze*
    Ergänzend entstehen auf einem neuen Parkplatz Carsharing-Stellplätze, die den Verzicht auf ein eigenes Fahrzeug erleichtern.
17. *Ladeinfrastruktur für E-Fahrzeuge*
    In Tiefgaragen und Carports werden außerdem Ladestationen für E-Fahrzeuge vorgesehen.
18. *Öffentlichkeitsarbeit*
    Auf prozessualer Ebene wurde großer Wert auf Beteiligung gelegt. Über Dialogveranstaltungen, Bürgerwerkstätten und Info-Stände auf Stadtteilfesten wurde das Projekt in der Öffentlichkeit breit kommuniziert. Ergebnisse aus diesen Formaten flossen aktiv in die Planung ein.
19. *Kooperativer Planungsprozess*
    Die Planung des Quartiers erfolgte in enger Zusammenarbeit zwischen Kommune, Wohnungswirtschaft und Planungsbüros – ein Modell, das sowohl Expertise bündelte als auch Akzeptanz förderte.
20. *Phasenübergreifender Ansatz*
    Diese Kooperation beschränkte sich nicht nur auf die Planungszeit, sondern wurde über die Bau- bis in die Betriebsphase hinein fortgeführt – ein zentraler Erfolgsfaktor für langfristige Resilienz.[3]

Anhang 4 – Kostenanalyse Baumrigole und konventionelles Gießen

Getroffene Annahmen (pro Baum)

- Bewässerungszeitraum 30 Wochen/Jahr (April–Oktober) ➔ 1x wöchentliches Gießen
- Wasserbedarf 150 L/Woche[4]

[3] Kanning, H., et al., Das KlimaWohL-Prinzip. Praxisleitfaden. sustainify Tools und Texte, 1, Hannover, 2020.

[4] https://www.sr.de/sr/sr3/themen/sr_3-land/baeume_wasser_trinken_garten_100.html, 10.09.2025.

- Trinkwasserkosten 2 €/m^3[5]
- Arbeitskosten Gießen 35 €/h
- Zeitbedarf Gießen durchschnittlich 5 min/Baum
- Wartungskosten Fahrzeug für Gießen 3 €/Baum und Gießvorgang (inkl. Diesel, Verschleiß, Versicherung, Reparatur,...)
- Investitionskosten Rigole 6.000 €[6]
- Wartungskosten Rigole 50 €/Jahr
- Neupflanzung Gießen ➔ einmalige Neupflanzung 500€, Baumrigole: keine Neupflanzung, da gute Baumpflege
- Baum verdunstet ca. 300 L/Tag[7]
- 20 niederschlagsfreie Tage/Monat
- Niederschlag (in Nordrhein-Westfalen) 60 L/m^2 und Monat[8]
- e-Verluste (Abflussbeiwert, Wirkungsgrad) bei 50–60 %
- Straßenbreite 14,5 m
- Kanalbaukosten Regenwasserkanal 300 €/m (DN 200–300)

Traditionelles Gießen

Wasserverbrauch:

$$150\ \frac{Liter}{Woche} * 30\ \frac{Wochen}{Jahr} * 30\ Jahre = 135.000\ Liter = 135\ \mathrm{m}^3$$

Wasserkosten:

$$135\ m^3 * 2\ \frac{\mathrm{C=}}{m^3} = 270\mathrm{C=}$$

Arbeitskosten:

$$\frac{5}{60}\ \frac{\mathrm{min}}{h} * 35\ \frac{\mathrm{C=}}{h} = 2{,}92\ \mathrm{C=}$$

$$2{,}92\ € \ * 30\ \frac{Wochen}{a} * 30a = 2628\ €$$

[5] https://wohnglueck.de/artikel/wasserkosten-berechnen-82183#a5026564c9ac3447816b046777f82bb7652696fe, 10.09.2025.

[6] Auskunft Fa. Mall.

[7] https://www.bund-nrw.de/themen/stadtnaturschutz/baeume/#:~:text=Je%20nach%20Kronendurchmesser%20kann%20ein,und%20das%20Stadtklima%20positiv%20beeinflusst., 10.09.2025.

[8] https://www.dwd.de/DE/leistungen/klimadatendeutschland/mittelwerte/nieder_8110_fest_html.html?view=nasPublication, 10.09.2025.

Neupflanzung:

$$1\,Neupflanzung * 500\,\frac{\mathrm{C}=}{Neupflanzung} = 500\,\mathrm{C}=$$

Fahrzeugkosten:

$$3\,\frac{\mathrm{C}=}{Baum} * 30\,\frac{Wochen}{a} * 30a = 2700\ \mathrm{C}=$$

Gesamtkosten:

Wasser	270 €
Personal	2628 €
Neupflanzung	500 €
Technik	2700 €
Gesamt	**6098 €**

Baumrigole

Bau & Installation:

$$6000\,\mathrm{C}=$$

Betriebskosten:

$$50\,\frac{\mathrm{C}=}{a} * 30\,a = 1500\ \mathrm{C}=$$

Gesamtkosten:

Bau	6000 €
Wartung	1500 €
Gesamt	**7500 €**

Zusätzliche Komponente:

Einsparung bei Kanaldimensionierung durch den Einsatz von Baumrigolen

Verdunstung Baum (bei 20 niederschlagsfreien Tagen pro Monat)

$$300 \ \frac{l}{d} \rightarrow 6000 \ \frac{l}{Monat}$$

Niederschlag (in NRW)

$$60 \ \frac{l}{m^2 \ * \ Monat}$$

- Um 6000 l durch Regen gewinnen zu können, braucht man:

$$\frac{6000 \ l}{60 \ \frac{l}{m^2}} = 100 \ m^2$$

Unter Annahme von e-Verlusten (Abflussbeiwert, Wirkungsgrad) von 50–60 % ergibt sich eine notwendige Fläche von circa 200 m².

Bei einer Straßenbreite von 14,5 m ergibt sich eine benötige Straßenbreite von:

$$\frac{200 \ m^2}{14{,}5 \ m} = 13{,}8 \ m$$

Somit ergeben sich einsparende Kanalbaukosten von

$$13{,}8 \ m \ ? \ 300 \ \frac{C=}{m} = 4.137{,}93 \ C= pro\,Baum$$

Anhang 5

Prozessmodell zur Integration von Resilienz in die HOAI-Phasen

Planungs- und Entwicklungsphase	LPH HOAI	Verantwortliche Akteure und Koordination	To Do					Iterative Schleifen
Bedarfsplanung / Projektvorbereitung	0	Kommune; Klimaanpassungsteam; Stadtplanungsamt; Umweltamt; Regionale Planungsträger	Grundidee der Entwicklung eines Resilienten Wohnquartiers Strategische Zieldefinition (Politisch, Städtebaulich, Gesellschaftlich) Machbarkeitsstudien zu Standort, Flächenpotentiale, Infrastrukturen und rechtliche Rahmebedingungen Stakeholder-Analyse (Relevante Akteure erfassen, erste Abstimmungen für spätere Planungsschritte					
Grundlagenermittlung	1	Kommune; Klimaanpassungsteam; Wohnungswirtschaft; Wissenschaft & Forschung; Beteiligung der Stakeholder LPH 1-9	Grundlagenerfassung Kommune/Bauherr definiert die Projektziele (Resilienz) Standortanalyse (Bodenanalyse, Überflutungsnachweis, Wärmebelastungskarte) Risiko- & Verwundbarkeitsanalyse Städtebaulicher Vertrag mit Resilienz-Zielkatalog Klärung von rechtlichen Rahmenbedingungen in der Bauleitplanung	Anpassung der Planung bei neuen Erkenntnissen oder Rahmenbedingungen LPH 1-4	fortlaufende Evalutation der Resilienz-maßnahmen LPH 1-5	Finanzierung & Förderung LPH 1 -9	Kommunikation & Partizipation aller Projektbeteilig-ten LPH 1-9	detaillierte Standortanalyse ggf. zu späterem Zeitpunkt (mit Überflutungsnachweisen, Wärmebelastungskarten,...)
Vorplanung	2	Klimaanpassungsteam; Wohnungswirtschaft; Wissenschaft & Forschung	Integrierter Entwurf (Grün-blaue Infrastruktur, Gemeinschaftseinrichtungen) Gebäudekonzept mit klimagerechter Bauweise) Technische Konzeptideen Variantenvergleich hinsichtlich ihrer Resilienzwirkung (Fokus auf Synergien)					
Entwurfsplanung	3	Klimaanpassungsteam; Wohnungswirtschaft; Fachplaner	Gebäudeplanung durchdeklinieren (Bauliche Robustheit) Materialwahl (robsut, langlebig, regional) Iterative Abstimmung der Fachplaner Gestatlung sozialer Räume					
Genehmigungsplanung	4	Kommune; Klimaanpassungsteam; Wohnungswirtschaft; Fachplaner; Fördermittelgeber	Nachweisführung der Resilienzmaßnahmen Zusammenstellen aller Nachweise für die örtliche Planungsbehörde Frühzeitige Abstimmung mit Genehmigungsbehördem Berücksichtigung gewisser Förderprogramme (?)					
Ausführungsplanung	5	Klimaan-passungs-team; Wohnungswirtschaft; Fachplaner; Ausführende Fachgewerke	Klärung von Verantwortlichkeiten Fertigstellung von Konstruktionsdetails (Resilienzziele müssen erreicht werden) Integration der Fachgewerke Praktische Umsetzungsprüfung der Resilienzmaßnahmen Vorbereitung der Ausschreibung bzgl. Resilienzmaßnahmen					Sollten bestimmte Lösungen noch optimiert werden müssen, können iterativ frühere Planungsstufen konsuliert werden (Rücksprache mit Konzeptplanung)
Vorbereitung und Mitwirkung bei der Vergabe	6,7	Klimaan-passungs-team; Wohnungs-wirtschaft; Fachplaner; Ausführende Fachgewerke; Juristische Begleitung	Ausschreibungsunterlagen mit Resilienzstandards Festlegung von Vergabekriterien mit Nachhaltigkeits- & Resilienzkriterien Vertragsabschluss mit resilienter Vertragsgestaltung ("grüner Vertrag")					
Objektüberwachung	8	Klimaan-passungs-team; Wohnungs-wirtschaft; Fachplaner; Ausführende Fachgewerke; Bauaufsichts-behörde	Qualitätssicherung während der Bauausführung Dokumentation aller eingebauter Elemente Regelmäßiger Austausch (Jour Fixes) aller Projektbeteiligten flexible Anpassung während der Bauphase bei unerwarteten Ereignissen		Monitoring der Resilienz-maßnahmen LPH 8-9			Kleinere Planänderungen/-anpassungen bei Unerwartetem (Extremwetterereignisse, Lieferengpässe,...)
Objektbetreuung	9	Klimaan-passungs-team; Wohnungswirtschaft; Facility Management; Quartiers-management	Inbetriebnahme & Schulung Monitoring der Wirksamkeit verschiedener Resilienzmaßnahmen Evaluation & Feedbackschleifen (Positivies aber auch Schwachstellen) Kontinuierliche Anpassung (lernender Prozess), Wartungen & Nachrüstungen					

Fortlaufender Betrieb & Nutzung des Quartiers ...
Resiliente Quartiersplanung geht kontinuierlich in die nächste Runder der Prävention und Verbesserung
bspw. Austausch nach einem Jahr nach Projektabschkuss (Erfahrungen reflektieren, Lessons Learned) --> Erkenntnisse aus Bau- und Nutzungsphase für zukünftige Projekte für Weiterentwicklungen nutzbar machen

Anhang 6

Checkliste für klimaresiliente Wohnquartiere (Neubau)
LPH 1 – Grundlagenermittlung:

□ Wurde eine Standortanalyse hinsichtlich Klima, Topografie, Boden, Wasser- und Wärmebelastung durchgeführt?
□ Sind die relevanten externen Stressoren (Hitze, Starkregen, Sturm, soziale/ökonomische Veränderungen) identifiziert?
□ Wurden die übergeordneten Rahmenbedingungen (DAS, BauGB, Klimaanpassungspläne sowie kommunale Instrumente wie FNP, B-Plan) geprüft?
□ Ist die Zielsetzung „Resilienz" im Projekt klar formuliert und mit dem Projektträger/Eigentümer abgestimmt?
□ Wurden Anforderungen an soziale und ökologische Standards („Grüner Vertrag",…) frühzeitig in den Projektzielen und Vereinbarung geführt?
□ Wurde der Bedarf an Nutzungsmischungen (geförderter und freifinanzierter Wohnraum, Kleingewerbe, Bildung, Betreuung) erhoben und in den Projektzielen verankert?
□ Wurden lokale Akteure und Stakeholder (Kommune, Fachplanungen, Bevölkerung, Naturschutz) frühzeitig eingebunden?

LPH 2 – Vorplanung (Projekt- und Planungsvorbereitung):

□ Wurden Variantenprüfungen unter Klima- und Resilienzgesichtspunkten durchgeführt?
□ Sind städtebauliche Leitbilder wie die „Stadt der kurzen Wege" oder die „15-Minuten-Stadt" berücksichtigt?
□ Gibt es eine erste Strategie für blau-grüne Infrastrukturen (Entsiegelung, Frischluftschneisen, Retentionsräume)?
□ Wurde die Energie- und Wasserversorgung konzeptionell auf dezentrale, resiliente Strukturen geprüft (PV, Solarthermie, Nahwärme, Smart Grids)?
□ Wurde Resilienz in Wettbewerbsunterlagen oder in architektonischen/städtebaulichen Kriterien verankert?
□ Liegt ein erstes Beteiligungskonzept zur Partizipation der Bevölkerung vor?
Sind Nutzungsmischungen im städtebaulichen Konzept berücksichtigt?

LPH 3 – Entwurfsplanung:

□ Sind die Gebäude des Quartiers so angeordnet, dass sie Ventilation, Verschattung und Kühlung ermöglichen?
□ Wurde eine klimafreundliche und widerstandsfähige Baustoffwahl (regional, schadstoffarm, recyclingfähig) getroffen?
□ Sind redundante Versorgungswege (Energie, Wasser,…) eingeplant?

☐ Ist ein Konzept für die Integration von IoT-gestützten Monitoring- und Warnsystemen vorhanden?
☐ Sind soziale Infrastrukturen (Begegnungsflächen, Gemeinschaftsräume, Quartiersplätze und Spielfläche, Nachbarschaftsnetzwerke) im Entwurf vorgesehen?
☐ Gibt es Maßnahmen zur Reduktion von Wärmeinseln (Dach- und Fassadenbegrünung, Wasserflächen, Bäume)?

LPH 4 – Genehmigungsplanung:

☐ Sind die rechtlichen Anforderungen aus dem BauGB (beispielsweise § 1a mit Klimaschutz & Anpassung) erfüllt?
☐ Wurden kommunale Satzungen (zum Beispiel Begrünungspflicht, Regenwasserversickerung) integriert?
☐ Sind Fördermöglichkeiten (Kommunalrichtlinie, KfW, Landesprogramme) geprüft und eingeplant?

LPH 5 – Ausführungsplanung:

☐ Sind technische Details zu Dach- und Fassadenbegrünung, Retentionsanlagen und Verschattung ausgearbeitet?
☐ Wurde eine konkrete Baustoffliste mit ökologischen Kriterien (kein PVC, Tropenholz, schadstoffarme Materialien) erstellt?
☐ Sind Schutzmaßnahmen gegen Extremwetter (Sturmklammern, Rückstauklappen, wasserdichte Kellerfenster) eingeplant?
☐ Liegen detaillierte Pläne zur Integration von Smart-Building-Technologien (Sensoren, Steuerungssysteme) vor?

LPH 6 – Vorbereitung der Vergabe:

☐ Erhalten die Leistungsverzeichnisse Anforderungen zu den zuvor definierten und geforderten Resilienzmaßnahmen (Materialwahl, Begrünung, Energieversorgung)?
☐ Sind Kriterien zu Klimaanpassung in die Ausschreibung aufgenommen? Wurde Resilienz in Vergabekriterien aufgenommen?
☐ Ist die Bauweise so formuliert, dass Qualitätssicherung bei Resilienzmaßnahmen möglich ist?
☐ Wurden die vertraglich vereinbarten sozialen und ökologischen Standards in die Ausschreibungs- und Vertragsunterlagen übernommen?

LPH 7 – Mitwirkung bei der Vergabe:

☐ Wurde die Resilienz-Qualität der Bieter geprüft (ähnliche Projekte mit Referenzen bei der Dachbegrünung, Regenwassermanagement)?

☐ Sind ökologische und resiliente Bauweisen bei der Auftragsvergabe priorisiert worden?
☐ Gibt es eine Bewertung der Angebote hinsichtlich Lebenszykluskosten und Resilienz-Nutzen (nicht nur nach Investitionskosten)?

LPH 8 – Objektüberwachung:

☐ Werden Resilienzmaßnahmen während der Bauphase kontrolliert (Ordnungsgemäße Abdichtung, Versickerungsanlagen, …)?
☐ Gibt es eine Qualitätssicherung für Dach- und Fassadenbegrünung, PV-Anlagen, Smart Grids?
☐ Werden soziale Räume (Treffpunkte, Spielplätze, Gemeinschaftsflächen) entsprechend der Planung umgesetzt?
☐ Ist eine enge Zusammenarbeit zwischen Bauleitung, Klimaschutzmanagement und Kommune/Stadt sichergestellt?

LPH 9 – Objektbetreuung und Dokumentation:

☐ Liegt ein Monitoring-Konzept für Klima- und Resilienzdaten vor (Energieverbrauch, Hitzeentwicklung, Wasserhaushalt)?
☐ Gibt es ein Wartungskonzept für resiliente Elemente (Gründächer, Retentionsflächen, Smart-Systeme)?
☐ Sind die Bewohner informiert und geschult (Notfallpläne, Nutzung der Gemeinschafts-einrichtungen)?
☐ Wurde ein Feedback-Prozess eingerichtet (Evaluation, Lessons Learned für weitere Quartiere)?
☐ Sind Fördermittelbeantragungen und Verwendungsnachweise dokumentiert?

Anhang 7

Anhang 7
A1.1
A1.2
A1.3
A2
A3
A4
A5
A6
A7
A8
A9
A10
A11
B1.1
B1.2
B1.3
B2
B3
B4
B5
B6
B7
B8
B9
B10
B11
B12
C1
C2
C3
C4
C5
C6
C7
C8
C9
C10
C11

FSC
www.fsc.org
MIX
Papier | Fördert
gute Waldnutzung
FSC® C083411

Kolibri 360 GmbH
Ferdinand-Jühlke-Straße 7
99095 Erfurt, Deutschland
produktsicherheit@kolibri360.de